Jean Le Divin DuMidi

L'omniscientifique

Jean Le Divin DuMidi

L'omniscientifique

Science des Nombres, Décryptage et Multivers

Éditions Croix du Salut

Imprint

Any brand names and product names mentioned in this book are subject to trademark, brand or patent protection and are trademarks or registered trademarks of their respective holders. The use of brand names, product names, common names, trade names, product descriptions etc. even without a particular marking in this work is in no way to be construed to mean that such names may be regarded as unrestricted in respect of trademark and brand protection legislation and could thus be used by anyone.

Cover image: www.ingimage.com

Publisher:
Éditions Croix du Salut
is a trademark of
Dodo Books Indian Ocean Ltd. and OmniScriptum S.R.L Publishing group
Str. Armeneasca 28/1, office 1, Chisinau-2012, Republic of Moldova, Europe
Printed at: see last page
ISBN: 978-620-3-84471-9

THEME : L'Omniscientifique

Sous-Thème : Science des Nombres, Décryptage et Multivers

PREFACE

Selon ces Paroles de la Prophétie concernant l'Avenir du Monde, je suis conscient que je ne suis pas épargné de l'effet de sa Radiation quant à son accomplissement dans le Temps, vu que je suis aussi habitant de la Terre et un acteur Clé des évènements des derniers Temps. Ainsi ma Plume se tient avec moi près de l'Assèchement du Fleuve Euphrate.

Ainsi s'adressent à moi l'Esprit de la Prophétie : « *Ceux qui auront été intelligents brilleront comme la splendeur du ciel, et ceux qui auront enseigné la justice, à la multitude brilleront comme les étoiles, à toujours et à perpétuité.*
Toi, Jean ***LeDivin DuMidi****, tiens ces paroles révélées, et écris les dans les livres en ces temps de la fin. Plusieurs alors le liront, et la connaissance augmentera. Et Ils échapperont à cette Fin du Monde sous les Bombes Nucléaires du Roi du Nord* »

Et moi, **Jean LeDivin DuMid**, je regardai, et voici, deux autres hommes se tenaient debout, l'un en deçà du bord du fleuve Euphrate, et l'autre au-delà du bord du fleuve Euphrate et En 2020 le Fleuve Euphrate tarit.

L'un d'eux dit à l'homme vêtu de lin, qui se tenait au-dessus des eaux du fleuve: Quand sera la fin de ces prodiges.

Le Monde Navigue bien dans une Ere de TIC ou le NTIC a remporté le dessus sur l'Analogie, La Nouvelle Technologie de l'Information et de la Communication ainsi cela se définit. Cette Ere de TIC n'est rien d'autre que le Cocktail de tous les TIC (Mathématique, Automatique, Arithmétique, Informatique… TIC) afin de mieux échanger et Informer les Habitants de la Terre selon la Technologie appropriée et définie par un Canal ou moyen de communication.

L'ère de l'Intelligence Artificielle Bat son plein en ce 21ème Siècle. Et l'Information voyage à une Vitesse Vertigineuse pensant croire qu'elle a atteint la Vitesse de l'Eternité.

Tous les TIC mentionnés ne demeurent point les moindre dans notre Dimension Mortelle, bien sûr !

A cela Vient s'ajouter un autre TIC qui ne demande pas le Visa à la Dimension des Mortelles pour opérer avec succès, Discrétion et selon des moyens de communications établis avant que le Big-Bang ne soit. Qui sont en réalité les 5 Vêtements ou 5 Canaux alphanumérique : ''*Ephesiens4 :11*''

Voilà que le Prophétique fait éruption avec sa Technologie appeler la ''*Révélation Divine*''. Ceci démontre réellement que nous Vivons dans une ERE TIC. Et elle évolue à la Vitesse de l'Eternité avec l'Unité de mesure qui est : le ''*Clin d'œil*''

Selon le TIC ProphéTIC, une série de 7 Visions a été donné depuis la 4ème Dimension pour Instruire et avertir le Monde. Ce qui demeure le plus malheureux et ignoble est de constater que les TIC avec l'intelligence artificielle n'arrivent toujours pas à avertir les humains des Evènements qui sont à venir ou ceux qui s'accomplissent actuellement sous nos yeux et plutôt désamorce encore les forces de leur TIC appelé l'Ere NTIC. Les données Internet en Téra ne suffiront point pour résoudre ne serait-ce que même le micromillimètre de la situation.

Le fondement Fondamental des 2 TIC Evoluant dans des Dimensions distinctes avec des vitesses Incomparables, est en réalité d'Informer et Avertir l'Humanité et d'assurer une meilleure Communication.

Et si les Scientifiques essayaient de s'interroger sur l'Omniscientifique ?

Je crois qu'ils auront des réponses plus avantageux au lieu de s'engouffrer dans une tombe sans fin pour émerveiller les pervertis.

Les canaux de communications Alphanumériques *Ephésiens 4 :11* authentiques demeurent les détenteurs de cette Nouvelle TIC.

Malheureusement la Science des Humains s'est limité en perdant le Contrôle dans l'aspiration des recherches Expérimentales avec la Matière, pendant que, les Scientifiques de l'Omniscience, quant à eux, naviguent par expériences Omniscientifiques au-dessus de la Matière et redescendent avec le concret régissant la Matière, l'Invisible et l'infini: Expériences Naturelles, Expériences Spirituelles et Expériences Divines, ce qui ressort avec 3 Lois selon un Principe en 3 Phases :

- ✓ Lois Naturelles
- ✓ Lois Spirituelles
- ✓ Lois Divines

Le Principe selon les 3 Phases de la **Constante** *Temps* (T) : Il est le même

- ✓ *Hier*
- ✓ *Aujourd'hui*
- ✓ *Eternellement*

Si le langage de cette dernière Génération est Artificielle ceci stipule qu'elle demeure dans un NID de Perversion sans conversion ou régénération de l'âme jusqu'au Corps. Elle est devenues méchante, cherchant à demander des miracles, mais le signe de Jonas est sur le Point de s'opérer en leur faveur et cela ne les laissera ni rameau ni racine.

Le Prophétique demeurera le TIC Absolu, Incontestable, Irréprochable et la plus Précise influençant les Sages qui sont en train d'enseigner le reste de l'Humanité et leur entourage. La Radiation est immortelle et inimitable. Et seul les Initiés ouvriront les yeux du Monde sur le Big-Bang des Calamité encours et les Fléaux mortels qui opèrent sous le Silence du Cavalier sur le Cheval blanc.

Un peuple averti en vaut 2 !

Si des canaux inanimés peuvent conduit des informations avec une intelligence Humaine et mettre le monde en relation sans problème, quand serai-t-il d'un canal animé par une Ame divine qui serait sous l'Intelligence Divine pour informer et avertir ? Cela faillira-t-il ? ProphéTIC ou le TIC ?

Un peuple averti en vaut 2 !

> ***Et nous tenons pour d'autant plus certaine la parole prophétique, à laquelle vous faites bien de prêter attention, comme à une lampe qui brille dans un lieu obscur**, jusqu'à ce que le jour vienne à paraître et que l'étoile du matin se lève dans vos coeurs;*
> *sachant tout d'abord vous-mêmes **qu'aucune prophétie de l'Écriture ne peut être un objet d'interprétation particulière**,*
> *2 Pierre 1.19-20*

Cet ouvrage n'est pas dirigée contre une Organisation Religieuse ni Politique, mais plutôt adressé aux Peuples de la Terre selon le Principe d'Apocalypse 10 : 1-11

Il n'est pas non plus rédigé dans l'intention de créer une dénomination de plus ou des Conflits religieux, mais plutôt dirigé vers les habitants de la Terre afin d'éveiller en eux : le bon sens de la Spiritualité pour un contact directeur envers leur créateur (à savoir le Christ) et aussi les avertir des choses à venir selon la Lumière de la Parole ProphéTIC.

Ce Principe dit que Dieu ne peut rien faire ni sauver un Etre Vivant sans passer par un autre être vivant. Cependant ce principe stipule 3 étapes :

1. **La Descente de l'Ange Puissant avec le Livre Ouvert entre ses Mains.**
2. **La Présence d'un messager Prophète soumis à cet Ange Puissant.**
3. **Et des Auxiliaires ayant Reçu Une Vocation Divine avant la Fondation de ce Monde afin de relayer la Vie et le Fondement établi par les Lois Divines.**

Ce principe stipule que l'Omniscientifique, qui est l'Amour Divin devrait œuvrer lui-même mais à travers l'homme, selon la Puissance de l'Onction déversée dans ces Hommes, qui sont en réalités des Esprit avec 5 Onctions Différentes, ils sont aussi **appelés les** ***Ephesiens4 .11***

Cette Notion *Ephésiens4.11* nous renvoie à l'idée de la Notion : *"Alphanumérique"*.

Il faut noter que le Chiffre 4 dans la Mathématique de l'Omniscientifique fait appel à la Science de : *l'Equilibre, la Protection et la Délivrance.*

Il n'est pas étonnant de voir que les Mammifères aient 4 membres pour leur équilibre,

Il n'est pas non plus étonnant de voir les 4 êtres Vivants en Apocalypse, entourer le Trône de l'Omniscientifique juste pour la Protection. Bon bref.

Comme il avait été dit à Jean le Divin, mange le petit Livre, il sera doux dans ta bouche comme du Miel mais il sera amère dans tes entrailles et Prophétise à nouveau sur des : *Peuples, Langues, Villes, Nations et Rois*, me sentant concerné aussi par cet Appel Divin, je suis senti conduit afin d'apporter ma Contribution à l'humanité, afin d'éclairer les Habitants de Terre. Il est très regrettable de constater la Prophéties des saintes Ecritures qui attribue un Nombre à la Bête, le et ce nombre est 666. Il a été dit que c'est elle qui séduira la Multitude des humains de la terre, et sachant que celui qui est YHWH ayant aussi le Nombre 26 = 7 selon la Guématria Hébraïque, ne serait Capable de Rédimer ses Elus.

Je me rappelle encore de ses Paroles de Promesses Infaillibles. Car il a dit aucun des élus ne sera séduit, mais si le Temps n'était pas aussi abrégé, aucune chair ne serait sauvé.

En descendant dans la Nuée, en Apocalypse 10, il posa un Pieds sur la mer et un autre Pieds sur la Terre criant d'une Voix forte, qu'il n'y aurait plus de délais.

Cet Ouvrage se met à la disposition de tous les Humains de la Terre, afin de les éclairer comme la Lumière, sachant que le créateur est Vie dans une Lumière Inaccessible, il aussi mit en l'Homme 4 Lumières cosmiques pour sa Vie terrestre et pour son équilibre. Ce qui voudrait dit que l'homme est Lumière, par conséquent, il a besoin de la Lumière Suprême pour son Salut.

> *LE SON CONFUS JEFFERSONVILLE IN USA Dim 18.12.60*
>
> *37. Or, quand nous avons été créés, si... quand nous avons été créés... Récemment, ils ont découvert que votre corps est plein de lumière. La radiographie le prouve. La radiographie ne se fait pas à l'aide de sa propre lumière. C'est votre lumière qu'elle utilise. A votre naissance, vous avez quatre rayons lumineux. Peu après, disons, à vingt, vingt-cinq ans, un rayon disparaît ; et à trente-cinq, un autre rayon disparaît, ou à quarante ans, un autre disparaît ; et finalement, quand vous dépassez les soixante-cinq ans, environ, vous vivez de votre dernier rayon. Et chaque fois qu'on vous fait une radiographie, ces rayons sont détruits. C'est pourquoi on n'a plus... et vous mettez les pieds de ces enfants dans ces machines, car ça ne faisait que détruire les rayons lumineux de leurs petits corps. Et c'est de la lumière cosmique qui est en vous, dont vous êtes constitué, c'est plein de cellules de lumière. Eh bien, ça, c'est de la lumière cosmique*

Merci de prendre soin de vous sous la Lumière Logos, car le Cosmique prendra fin.

Voici la Lumière Inaccessible au-dessus de la Tête de son Saint Prophète, cette même Lumière est la même qui conduisait les enfants d'Israël dans le Désert et c'est aussi la même Lumière, que Paul rencontra sur le Chemin de Damas.

Image 1

Cette lumière au-dessus de la Tête de ce prophète *(William Marrion Branham)*, est la même qui conduisait les enfants d'Israël dans le Désert, elle demeure la même que Saint Paul rencontra sur le chemin de Damas et qui l'a aveuglé.

Elle oscille dans la Dimension Physico-Spirituel.

> *ECOUTEZ-LE PARKERSBURG WV USA Sam 15.12.56*
>
> *88. [Espace vide sur la bande–N.D.E.]... à ton sujet, rien. Si c'est vrai, levez la main. Très bien.*
>
> *Maintenant, dès que je commence...* ***Combien ont vu la photo maintenant dans ce livre, la photo de l'Ange du Seigneur ? L'avez-vous vue ? La voici, prise par Georges J. Lacy, elle est suspendue [au mur] là à Washington D.C. Elle est sous copyright, le seul Etre surnaturel. Cet Ange du Seigneur est à moins de deux pieds [+/- 60 cm–N.D.E.] de l'endroit où je me tiens en cet instant même. C'est vrai.***
>
> *UN HOMME APPELE DE DIEU JEFFERSONVILLE IN USA Dim 05.10.58S*

179. Bon, combien d'entre vous ont entendu parler de la photo du Seigneur Jésus, cette Lumière ? ***Vous En avez tous entendu parler, presque tous. Elle se trouve à Washington DC, elle a été remise au meilleur homme qu'Edgar Hoover a eu ces dernières années, Georges J. Lacy, du service des empreintes digitales et des documents. Nous avons sa–sa signature là même sur le document, montrant effectivement... Il a dit qu'à un moment donné il pensait que c'était de la psychologie****, que je lisais la pensée des gens. Il a dit : « Mais, Monsieur Branham, l'oeil mécanique de cet appareil photo ne captera pas de la psychologie. » Il a dit: « La Lumière a bien frappé l'objectif. » Et nous avons tout ça par écrit, le document accompagne la photo : la Lumière a bien frappé l'objectif.*

JEHOVAH-JIRE 2 GRASS VALLEY CA USA Ven 06.07.62

158. Il va vers ceux qui sont humbles de coeur, ceux qui Le cherchent. ***Et Le voici ce soir, le Saint-Esprit, Dieu, le même Ange, ici devant les scientifiques, donnant la preuve... Le voilà en photo. <u>Georges J. Lacy, le chef du département des empreintes digitales et des documents du FBI, a dit : «La Lumière a frappé l'objectif.</u>» Il a dit : «Monsieur Branham, je disais à maintes reprises que c'était de la psychologie, que vous lisiez les pensées de ces gens-là.» <u>Il a dit : «Mais l'oeil mécanique de cet appareil-photo ne peut capter la psychologie</u>. La Lumière a frappé l'objectif. C'était là.» La voilà. <u>L'une d'elles est exposée à Washington, D.C</u>., tous droits de reproduction réservés : <u>«Le seul Être surnaturel qui ait déjà été photographié et prouvé scientifiquement.»</u>***

JEHOVAH-JIRE 2 GRASS VALLEY CA USA Ven 06.07.62

159. Pourquoi? Si je meurs ce soir, si demain soir je ne viens pas du tout à la chaire, mes paroles resteront la Vérité. Car, ce ne sont pas mes paroles; ce sont les Siennes. Je n'ai jamais dit cela moi-même. Ce n'est pas moi. Je ne peux rien faire. Je suis un homme comme vous, un pécheur sauvé par grâce. Mais Dieu a promis ces choses dans ces derniers jours, et les voici. C'est la Parole. ***Si c'était de la fiction, eh bien, ça serait différent. Mais c'est la Parole prouvant la Parole par la Parole; c'est la Bible confirmée d'un bout à l'autre. Elle est confirmée par les scientifiques, confirmée par l'Esprit, confirmée par l'église*** *: Dieu parmi nous. Alléluia! J'en suis très heureux.*

...

QUESTIONS ET REPONSES N° 2 JEFFERSONVILLE IN USA Dim 23.08.64S

115. Et maintenant, ***cette grande Colonne de Feu, qui est absolument identifiée même par des appareils photos de précision*** *qu'il y a aujourd'hui ici sur la terre...* ***Voilà Sa photo suspendue là. Je crois qu'elle y est toujours, n'est-ce pas vrai? Est-elle là? C'est prouvé scientifiquement par ce que nous avons de meilleur. Georges J. Lacy, le chef du département du FBI pour les empreintes digitales et les documents, a déclaré : «J'ai moi-même appelé cela de la psychologie, Révérend Branham, mais, a-t-il dit, la lumière a frappé l'objectif.*** *Je l'ai fait passer aux rayons ultra-violets et je l'ai examinée ici pendant quatre ou cinq jours. La lumière a frappé l'objectif. Et cet objectif ne capte pas de la psychologie!» Ainsi, cela est identifié.*

Image 2

Série 1 : Introduction à l'Omniscience

*Comme **Jésus se mettait en chemin**, un homme **accourut**, et **se jetant** à **genoux devant** lui: **Bon maître**, lui demanda-t-il, que dois-je faire pour hériter la vie éternelle?*

Jésus lui dit: Pourquoi m'appelles-tu bon? Il n'y a de bon que Dieu seul.

Tu connais les commandements: Tu ne commettras point d'adultère; tu ne tueras point; tu ne déroberas point; tu ne diras point de faux témoignage; tu ne feras tort à personne; honore ton père et ta mère.

*Il lui répondit: **Maître, j'ai observé toutes ces choses dès ma jeunesse.***

***Jésus, l'ayant regardé**, l'aima, et lui dit: **Il te manque une chose**; va, vends tout ce que tu as, donne-le aux pauvres, et tu auras un trésor dans le ciel. Puis viens, et suis-moi.*

Marc 10.17-21

C'est pourquoi nous devons d'autant plus nous attacher aux choses que nous avons entendues, de peur que nous ne soyons emportés loin d'elles.

Hébreux 2.1

(8:5) Qu'est-ce que l'homme, pour que tu te souviennes de lui? Et le fils de l'homme, pour que tu prennes garde à lui?

Psaumes 8.5

Il faut se rappeler qu'à chaque fois que le créateur est en mouvement, ou quand il est en pleine Mission, en pleine Œuvre, c'est-à-dire en chemin vers un but, cela influence toujours les créatures puisque toute la création est soumise à ses lois et sans aucune de ses Lois et Principes, rien ne vivrait et ne survivrait également.

La Raison, en est Ceci : lorsque qu'il se mouvait au-dessus de la Terre qui était informe et Vide, en réalité il planait au-dessus des Vestiges d'une Civilisation existante déjà, mais anéanti. Cette Terre était un Paradis sans être Habité par l'homme crée à l'image de Créateur. C'était une Civilisation réelle et Vivante avant la venue de l'homme. Lucifer après sa Rébellion au Ciel, fut précipité sur cette Terre Paradisiale.

Et Par Son pouvoir Démoniaque, par sa Colère et il transforma ce Beau Paradis en En un Enfer, en des ténèbres et chaos.

Ce Paradis étant plongé dans un état Chaotique, rendit la Terre Méconnaissable et plongea cette première Civilisation dans une Ere Glacial sans Précédent.

Cette Grande Destruction de Lucifer par la Jalousie, Obligea Le seigneur à reprendre cette Terre Glaciale, afin de la Faire Habiter par l'Homme. C'est ici qu'intervient la Science qui est au-dessus de toute Science qui résout tout : L'OMNISCIENCE

Genèse 1.2

La terre était informe et vide: il y avait des ténèbres à la surface de l'abîme, et l'esprit de Dieu se mouvait au-dessus des eaux

La Loi la plus Fondamentale de toute chose étant l'Amour Divin, contenant toute l'énergie de l'existence, a dû Projeter :

- ✓ ***les Regards de Miséricorde,***
- ✓ ***les Regards d'un Appel Nouvel,***
- ✓ ***les Regards d'amour pour sa Création.***

Oh qu'est-ce que l'inférieur pour que tu te souviennes de lui, YHWH !

.

MONTRE-NOUS LE PERE ET CELA NOUS SUFFIT CONNERSVILLE IN USA Jeu 11.06.53

75. Maintenant, regardez-Le là-bas. Il se tenait là. Et puis, après, Il a pris le... Puis, ce... Après que toutes ces scories se sont détachées, les étoiles et les météores s'étaient formés. Je peux voir ce Logos aller là et se suspendre au-dessus de cette terre, la couver, la ramener ici autour de ce soleil et commencer à briser la glace autour de cela. Et ces immenses icebergs ont commencé à descendre ; Texas et Oklahoma ont été formés. ***Cela a atteint le Golfe de Mexique là-bas. Il formait les fosses et les plaines et tout ce qu'Il a créé. La végétation et tout ont poussé peu après. Puis, après cela, tout s'était fondu et la glace a coulé, et ça a formé de l'eau, alors... Maintenant, nous sommes dans Genèse 1. Vous pouvez prendre à partir de là même. Genèse 1, c'était informe et vide. Et l'Esprit de Dieu se mouvait au-dessus des eaux. Est-ce vrai ? Au commencement... Maintenant, Il sépara l'eau, Il fit pousser les herbes et tout.***

LE QUATRIEME SCEAU JEFFERSONVILLE IN USA Jeu 21.03.63

94. J'ai dit : « Ça n'a rien à voir avec ça. Dans Genèse 1.1, il est dit : "Au commencement, Dieu créa les cieux et la terre." Point ! C'est tout, voyez-vous. ***'Or la terre était informe et vide.' » Et j'ai dit : « Je crois que chaque semence gisait bien là, <u>à partir d'une autre civilisation</u>,*** *ou je ne sais quoi. Et, dès que l'eau s'est retirée, et que la lumière les a touchées, c'est là que les arbres et tout ont poussé.»*

.

> ***Scofield Commente cela, je vous le donne un peu en Anglais :***
>
> *Genèse 1 :2*
>
> *Jeremiyah 4 :23-27; Isayah 24 :1 Isayah 45 :18*
>
> *Clearly indicate that the earth had undergone a cataclysmic change as the result of duvine jugment. The face of the earth bears everywhere the marks of such a catastrophe.. there are not wanting imitations which connect it with a previous testing and fall of angels*
>
> *See Ezekiel 28 :12-15 ; Isayah 14 :9-14 which certainly go beyond the kings of Tyre and Babylon*

Je peux oser dire à la hâte qu'il n'y aucune science au monde et dans le Multivers qui pourrait donner Vie à une Planète dans le Chaos, peu importe la Puissance de la Technologie actuelle ou Passée qu'elle pourrait détenir, excepté celle qui ne demande aucun conseil mais qui agit par Amour. Toute Science et Sagesse qui ne découle pas de l'Amour Divin ne pourrait jamais Sauver, *c'est pourquoi la Science sans Conscience n'est que ruine de l'Ame.*

A chaque fois que l'Omni-scientifique se met en chemin, ceci stipule qu'il y a un Besoin que présente une créature, et lui le Tout dans le Rien se met en Mouvement pour pouvoir l'étancher.

Quand il se met en chemin, *il déploie ses Regards de Compassion*, *de Miséricorde*, *de l'Intention* et de son Amour envers sa création, cherchant à attirer l'attention du nécessiteux.

A cet effet, il accorde :

- ✓ *la recommandation sous l'influence de cet amour qu'il est.*
- ✓ *Et après la recommandation,*
- ✓ *il lance un cri, soit une Voix soit une trompette contenant la Recommandation.*

Il faut sans ignorer comprendre que les Yeux sont la Lumière du Corps, l'autorité ; c'est aussi l'Eclairage. L'éclairage par les Yeux apporte la Bonne nouvel au cœur et cela le réjouir et cette bonne nouvelle oint les Os.

Les Ossements desséchés sont toujours des Peuple ou soit l'Os desséché typifie un humain dans le besoin.

- ✓ La Majorités des Nécessiteux sont toujours en chemin vers l'Inconnu avec les Réalités du Parfois au lieu des Réalités de la Foi.

Et c'est sur ce même chemin de l'Inconnu que navigue le créateur par ses Propres Lois : la Loi de l'Amour contenant en son Sein :

Le Regard du Nouvel Appel, le Regard de l'Intention, la Recommandation et le Dernier Appel qui est le Suis-moi.

- ✓ *Oh qu'est-ce que l'Homme pour que tu te souviennes de lui ?*
- ✓ *Oh qu'est-ce que l'homme pour que tu portes tes regards sur lui ?*
- ✓ *Oh qu'est-ce que l'homme pour te lancer avec un tel amour vers lui?*

Ils ne sont que des Ossements desséchés dans le voyage de l'inconnu pour des résultats immondes.

- ➢ 10 lépreux ayant vu le créateur comme le dit les Saintes écritures Bibliques, ont lancé un cri de d'Alerte, et le Maitre de l'Univers en a capté, et il les a exaucé.

Il eut un aveugle, Fils de Timée en Hébreux appelé : Bartimée et il appelait le Créateur, Fils de David ait pitié de moi, et il reçut exaucement.

Il eut une femme qui perdait le sang pendant des dizaines et des Dizaines d'année, quand elle l'a rencontré en chemin, elle déclara ceci : si je pouvais Toucher son vêtement (le pan de sa tenue), je serai guéri, et elle le fit et reçu exaucement.

LES VETEMENT DU SEIGNEUR SELON L'ORDRE DU MINISTERE DE MELKISEDECK EN CE JOUR :

Sont des esprits, 5 Esprits…

Selon aussi la loi du chiffre 7, il en a 7 esprits qui sont les 7 Etoiles, qui sont les 7 yeux de l'Eternel, qui sont l'autorité du créateur.

Il eut encore un lépreux, qui l'a vu toujours en chemin et il lui dit seigneur, si tu le veux, tu peux me purifier, et l'amour qui était en chemin, le regarda, l'aima et l'exauça

> *Il leur répondit: Allons ailleurs, dans les bourgades voisines, afin que j'y prêche aussi; car c'est pour cela que je suis sorti.*
> *Et il alla prêcher dans les synagogues, par toute la Galilée, et il chassa les démons.*
> ***Un lépreux vint à lui; et, se jetant à genoux, il lui dit d'un ton suppliant: Si tu le veux, tu peux me rendre pur.***
> ***Jésus, ému de compassion, étendit la main, le toucha, et dit: Je le veux, sois pur.***
> *Aussitôt la lèpre le quitta, et il fut purifié*
> *Marc 1.38-42*

Sur le Même Chemin, un jeune Riche, s'y tenait, et ayant vu le Tout dans le Rien, l'Amour Parfait, il adapta une Merveilleuse Approche :

1. *il* ***accourut vers le Créateur,***
2. *il* ***se jeta*** *à* ***genoux devant*** *lui:*
3. *il l'appela* ***Bon maître,***
4. *il lui demanda : que dois-je faire pour hériter la vie éternelle?*

Il a fonctionné jusqu'à arriver au chiffre de la Délivrance : 4

Son approche a eu 4 étapes, il s'est humilié, avec respect et tout.

Il savait qu'il n'avait pas la vie Eternel.

Et Jesus étant ému de son Approche :

1. ***Il manifesta la compassion,***
2. ***Il étendit la main : on peut étendre la main sans même toucher.***
3. ***Il le toucha,***
4. ***et dit: Je le veux, sois pur.(la Volonté) de Seigneur pour son peuple, les Purifie toujours avant de passer à une autre étape***

Ce Principe, Dieu ne l'a jamais changé :

1. **Le Regard de Compassion**
2. **La Manifestation de l'Amour qui se lance et qui touche.**
3. **La Recommandation :** elle vient pour montrer la Volonté du Seigneur, ses Intentions et qu'il est toujours prêt à ***Tendre la Main*** et ***Toucher*** : la Seule Parole qui sort de lui demeure le **Miracle** : ***Je le veux, sois pur***.
4. ***Et ensuit vient le Dernier Appel : viens et suis-moi.***

- Il lance toujours un Premier Appel pour signaler sa Présence et
- Le Dernier Appel consisté à prendre l'engagement pour marcher avec lui.

Cela début par la Repentance et le Baptême au nom du Seigneur et Sauveur (les 2 S) Jésus-Christ.

Mais l'homme se voit plus doter de capacité infini pour résister à une telle miséricorde et ses Voies sont pourtant : Tourment et **Folie**

> *L'AVEUGLE BARTIMEE LOUISVILLE KY USA Ven 02.04.54*
>
> *23. Et de penser : Quelle chance minime, avec tout ça L'attendant, pour ce pauvre aveugle non considéré, un mendiant aveugle, appuyé contre le mur... Alors que les hommes d'affaires passaient par là, n'ayant même pas une– une parcelle d'influence de cette taille-ci, pas la moitié... pas une moitié, ils le dépasseraient sans lui donner un sou. Mais cependant, comment allait-il attirer l'attention de cet Homme ?* ***Avec une seule chose : « Toi, Fils de David, aie pitié de moi. » Et de penser, malgré tout ce qui attendait Jésus, le cri de cet aveugle mendiant L'arrêta sur Son chemin. Il s'arrêta.***
>
> ***Ô ami, Son amour et Sa compassion pour les malades étaient si grands que, peu importe la tâche qui L'attendait, Il était toujours disposé à rendre service à ceux qui sont dans le besoin.*** *Cela L'arrêta, le cri d'un–d'un défavorisé, d'un aveugle mendiant.* ***Un vieux mendiant, habillé en lambeaux se tenant au bord de la route, a arrêté le Fils de Dieu sur Son chemin. Votre cri ce soir L'arrêtera. Il est en***

> ***train de passer par ici ce soir.*** *Votre–votre cri l'arrêtera. Il a dit : « Quel... Amenez-le-Moi. » Et ils ont amené... quand le... Oh ! la la !*

REMARQUEZ LES CHIFFRES ET LES NOMBRES NOUS SUIVENT CAR ILS SONT LE LANGAGE POUR APPORTER L'ORDRE SELON LA SCIENCE DE DIEU

Ils marquent ou déterminent la Durée de notre Vie ; c'est cela l'Omniscience du Père, cependant, ces Chiffres-là, personne ne les a jamais Touché, ni vu. Ils sont dans le Monde Intangible pourtant, il exprime l'Ordre de l'Eternel, interagissant avec le reste de la Création : Marc 10 : 17-21

Ces Nombres-là ont un sens plus élevé que ne pourrait le penser un Ecolier ou un Scientifique Profane. Nous le développerons dans la suite de ce thème.

Oui, oui ces Nombres un sens dans la Mathématique du créateur

> *JEHOVAH-JIRE 2 LOUISVILLE MS USA Ven 03.04.64*
>
> *157.* ***Vous dites : «Les chiffres ne signifient rien.» Alors, vous ne connaissez pas la mathématique de votre Bible. Voyez-vous? Alors, c'est sûr que vous allez mal comprendre Cela. Certainement.***
>
> *JEHOVAH-JIRE 2 LOUISVILLE MS USA Ven 03.04.64*
>
> *158. Dieu est «parfait» en trois, «adoré» en sept, «mis à l'épreuve» en quarante, et «les jubilés», c'est cinquante; oh! tout ce que vous désirez accomplir.* ***Toute la math–la Bible entière marche selon une mathématique.***

C'est en Marc 10 : 17-21, que ce Jeune Riche a eu l'Occasion de se ressaisir, mais il ne l'a pas fait :

Le 10 ; le 17 et le 21 sont des Nombres associés aux grands évènements. Veuillez rester connecter jusqu'à la Fin de ce thème.

Les Nombres et les Chiffres sont le Langage Divin et infini de Christ, lui l'Omniscientifique :

De quelle manière demeure-t-il l'Omniscientique avec son Omniscience ?

> *Il est l'image du Dieu invisible, le premier-né de toute la création.*
>
> ***Car en lui ont été créées toutes les choses qui sont dans les cieux et sur la terre, les visibles et les invisibles, trônes, dignités, dominations, autorités. Tout a été créé par lui et pour lui.***
>
> ***Il est avant toutes choses, et toutes choses subsistent en lui*** *Colossiens1 :15-17*

C'est pourquoi pour montrer l'infini, le chiffre 8 est placé en Horizontal. Car le Vertical et l'Horizontal croisés exprime l'Amour de Dieu pour l'Humanité : *Il a tant aimé le Monde, il a donné son Fils Unique afin quiconque croit en lui ait la vie Eternel et ne périsse point. La CROIX*

- ***Le Temps exprime le Chiffre 8 en vertical***
- ***L'infini et l'éternité exprime le chiffre 8 en Horizontal.***

Et le croisement de ces 2 Positions donne la Forme Géométrique ou la figure de ce chiffre. Nous verrons dans la suite l'influence des Nombres sur l'Humain et sa Figure Géométrique appelée encore : la Géonumérologie.

> *UNE VIE CACHEE EN CHRIST SAN FERNANDO CA USA Jeu 10.11.55*
>
> *19. Maintenant, dans le... C'est juste comme si Dieu vivait dans ces trois parvis, Il vit certainement dans le parvis de la tente d'assignation. Il vivait au... Il vit aussi ici dans le lieu saint. Mais le lieu où Il demeure... Ceci c'était juste les attributs de Sa Présence dans le Saint des saints.*
>
> ***Eh bien, c'est tout comme vous. Si vous observez bien dans la Bible, mathématiquement parlant,*** *trois c'est le nombre de Dieu pour la* ***perfection****. Dieu est parfait en trois. La Divinité est parfaite en trois : le Père, le Fils et le Saint-Esprit ; le seul vrai Dieu. Et–et les dispensations sont parfaites en trois.* ***Et trois, sept, douze, vingt-quatre,***

> ***quarante et cinquante sont des nombres de la mathématique de Dieu. On les trouve d'un bout à l'autre des Ecritures.***
>
> *Et remarquez. Maintenant, vous-même, vous êtes parfait en trois : l'âme, le corps, l'esprit ; l'eau, le sang, et l'esprit. Ces trois choses qui sont sorties de Son corps constituent la nouvelle naissance. Il y a trois choses qui sont sorties de Son corps, qui constituent la nouvelle naissance : l'eau, le Sang, l'Esprit.*
>
> *Il faut la même chose pour obtenir une naissance naturelle. J'ai un auditoire mixte, mais vous écoutez votre médecin ; je suis votre frère. Lorsqu'un bébé naît, au cours de la naissance naturelle, la première chose qui sort c'est l'eau, ensuite le sang, puis vient la vie, l'esprit.*

Rebondissons sur l'Intention de l'Omniscientifique quant à sa démarche de travail et d'approche.

1. *Il est toujours en chemin*
2. *Il regarde et manifeste l'Amour au cour du chemin*
3. *Il donne des recommandations*
4. *Et il lance un Appel : Viens et suis-moi*

Les 4 étapes du Dieu vivant au milieu de sa création, cherchant à les Servir et les Sauver (les 2 S). Les Nombres sont le Langage de YHWH et ce Nom YAHWH a une Valeur Numérique.

La Valeur Numérique associé au nom YHWH est le Nombre 26, ce qui a pour Réduction le Chiffre 8

YHWH = 26 et 2+6 = 8 Eternité

Pour le Temps on aura : 8-1 = 7

Puisque c'est dans le Temps que nous l'expérimentons, par conséquent ces œuvres dans le Temps à nos yeux tourneraient au tour du chiffre 7 :

Ce n'est pas surprenant qu'Il soit lié à ses :

- ✓ 7 Sceaux ;

- ✓ 7 Lois Vêtures ;
- ✓ 7 Tonnerres d'Apocalypse 10 ;
- ✓ 7 Lois du succès selon l'homme intérieur
- ✓ 7 Coupes d'Apocalypse
- ✓ 7 Paroles sur la Croix:

1. *Mon Père, mon Père, pourquoi m'as-tu abandonné ?* (Matthieu 27, 46)
2. *Tu seras aujourd'hui avec moi dans le paradis* (Luc 23, 43)
3. *Père, je remets mon âme entre tes mains*. (Luc 23, 46)
4. *Père, pardonnez-leur, car ils ne savent ce qu'ils font*. (Luc 23, 34)
5. *Femme, voilà ton fils, (à Jean) fils Voilà ta mère*. (Jean 19, 26)
6. *J'ai soif.* (Jean 19, 28)
7. *Tout est payé (consommé)*. (Jean 19, 30);

Ainsi devrait être les Paroles d'un Homme ou femme qui se retrouve dans les Tourments, malheureusement, ce n'est pas ce que nous constatons aujourd'hui, pendant que nous voyons l'Omniscientifique à l'œuvre.

L'Omniscientifique Punit de sorte à respecter les Lois de ses Nombres :

- ✓ Les 7 châtiments pour un peuple qui pèche contre l'Eternel :

> *Si, malgré cela, vous ne m'écoutez point,* ***je vous châtierai sept fois plus pour vos péchés.***
> ***Je briserai l'orgueil de votre force(1)****,* ***je rendrai votre ciel comme du fer(2)****, et* ***votre terre comme de l'airain(3).***
> ***Votre force s'épuisera inutilement(4),*** ***votre terre ne donnera pas ses produits(5)****, et* ***les arbres de la terre ne donneront pas leurs fruits(6)****.*

> *Si vous me résistez et ne voulez point m'écouter, je vous frapperai sept fois plus selon vos péchés.* ***J'enverrai contre vous les animaux des champs, qui vous priveront de vos enfants, qui détruiront votre bétail, et qui vous réduiront à un petit nombre; et vos chemins seront déserts****.(7)*
>
> *Levitique 26 :18-22*

Les 7 âges de l'Eglise des Nations selon Apocalypse 2 et 3 ; les 7 Esprits et les 7 Etoiles dans la Main de celui qui marche au Milieu du Chandelier d'Or.

Il y en a tellement les Œuvres relié au chiffre 7 qu'on pourrait s'éterniser là-dessus.

> *LA JONCTION DU TEMPS JEFFERSONVILLE IN USA Dim 15.01.56*
>
> *5.* ***Et je crois que l'Eglise se tient maintenant au seuil de la plus grande manifestation de l'omnipotence*** *que le monde ait jamais connue. Il y a eu... en sondant les Ecritures pendant un bon moment,* ***j'ai trouvé sept grandes jonctions dans la Parole de Dieu. Et sept, c'est le chiffre parfait de Dieu****. Nous... Il–Il est parfait en sept.* ***Il a travaillé six jours, et le septième, Il s'est reposé****. Ça fait six mille ans que le monde exerce son règne ici sur terre, que l'Eglise travaille,* ***le septième, c'est le Millénium. Et toute cette mathématique de la Bible est parfaite.***
>
> *Et* ***Dieu est toujours à l'heure****.* ***Parfois, nous sommes un peu en retard ou un peu****... nous avons une pensée un peu différente, mais c'est toujours à dessein que ça se fait.* ***Mais Dieu est toujours à l'heure avec Son Message****.*
>
> *LA DÉDICACE D'UNE ÉGLISE CLEVELAND TN USA Mer 08.07.59M*
>
> *33. Une maison de trois pièces... Vous-même, vous habitez dans une maison de trois pièces. Vous avez une âme, un corps, et un esprit. Vous avez trois compartiments. Dieu est en trois. Dieu est parfait en trois.* ***L'Eglise est parfaite en trois. La mathématique de la Bible ne faillit pas. Sept, c'est l'adoration****; et* ***vingt-quatre, c'est la tentation; et quarante****,*

> ***c'est le jubilé, et cinquante. La mathématique de la Bible est parfaite.*** *Dieu est parfait en trois. Le Père, le Fils, le Saint-Esprit font un seul Dieu parfait, trois offices du même Dieu.*
>
> *APOCALYPSE CHAPITRE 4, 3 JEFFERSONVILLE IN USA Dim 08.01.61*
>
> *134.* ***Il faut que cela soit dans la mathématique de la Bible. La mathématique de la Bible, c'est la chose la plus parfaite qu'il y ait sur terre. Vous ne saurez trouver une seule faille, de la Genèse à l'Apocalypse, dans la mathématique de la Bible. Et il n'existe aucune autre œuvre de la littérature écrite où vous puissiez trouver de faille avant d'en avoir lu trois vers; mais ce n'est pas le cas dans la Bible.***

Revenons sur la Notion de Vêtements de Christ selon le Ministère Rédempteur du Christ pour aujourd'hui.

Alors étant monte en haut, il a fait des dons aux hommes.

Comme je l'ai souligné un peu plus haut, Dieu est dans ses Nombres et son Langage est Mathématique ou Alphanumérique.

C'est pourquoi si nous ne Comprenons pas Dieu selon sa Mathématique, nous serons semblables à un homme qui broute au sommet d'un arbre.

La bête qui est une Puissance, selon les Ecritures, ce thème Bête a été orienté aussi afin de l'attribué à une Puissance Démoniaque qui a un Nombre : le 666

Bête : *Faux Prophète-la Grand Prostituée* c'est la partie Alpha, la Lettre.

Bête son Nombre est : 666 et le chiffre est 9.

(9 représente le Zéro Nul, la Mort, la destruction, le serpent OUROBOROS qui se mord la queue formant le cercle de la mort et de son autodestruction.

Si une bête peut avoir un Nombre, un Nom Numérique, Dieu aussi en tant que YHWH en aura aussi.

De YHWH est sorti le *''Je Suis''*, et du Je Suis est Sorti Jésus, en Hébreux qui est Yissayah Massyah.

Voilà l'histoire du Passage de nom YHWH à Jesus.

REMARQUE : En réalité un nom ne se traduit pas, cependant les différents traducteurs à partir de langues différentes l'ont fait car ils estimaient mieux que chacun devoir avoir ce Grand nom en sa Propre langue, ce qui n'annule pas la Puissance qu'il y a dans ce nom selon sa valeur Initiale Hébraïque à condition que ce nom traduit soit utilisé avec Foi de sa personne.

Ici sera donne L'HISTORIE EN BREF :

- SI VOUS PRENEZ BIEN LE JE SUIS

YHWH signifie *''Je Suis'' celui qui existe par lui-mème*

Le Nom JESUS sort de là :

JE SUIS= JE *SUIS

= JESUIS

Il est le seul, lui-même à enlever un IOTA dans la Lettre de son Non pas quelqu'un d'autre.

Alors soustraction du IOTA on a :

JE SUIS= JE *SUIS

= JESUIS

JE SUIS = JE *SUIS

JESUIS = JESUS

Lui-même Dieu peut enlever un IOTA de son Nom mais pas dans Sa Parole qui Fait LOI de Creation et d'Existence DE tout

Car quiconque le fait :

L'IOTA (i) sera élevé au degré 2

(i)au carré= -1 c'est pourquoi Jehova n'est qu'un attribut de son Nom : le Nom Jehova n'existe pas c'est plutôt : YHUV et jusqu'à présent les traducteurs d la Bible n'ont jamais le traduit

Nous voyons ici que Dieu est l'Omniscientique qui fait intervenir l'Ensemble Complexe dans sa Parole : les Nombres Complexes **:**

$$\mathbf{z = ai+b}$$

Ce n'est pas étonnant qu'il soit le A à Z ; qu'il soit l'Alpha et l'Omega ; qu'il Soit le Aleph et le Tav.

LE NOMBRE DU NOM DE YHWH EST : LE 26

Le chiffre de son NOM est 8. Selon le temps c'est 7 : 8-1

Et ce 7 influence tous.

Alors le *''Je Suis''* étant monté en haut après sa Résurrection.

Retenons qu'il a fait 40 Jours après sa Résurrection et après ces 40 jours, les Disciples ont patienté pendant 10 jours encore dans la chambre haute, ce qui donne 50 Jours et le Saint Esprit revint sur eux.

Depuis 1963-2013 = 50 ans, 1 jours pour 1 an

Depuis le 28 Février 1963, à la Descente du Fils de l'Homme, jusqu'en 2013, c'est le Jubilé : 50 ans après la seconde venue du Seigneur Jésus-Christ.

Ce n'est pas en vain que Jesus Commence en Marc 10 :17-21. Le Nombre 10 est un retour au commencement, la fin de cycle.

Le 10 Contient en lui : la Mort et la Vie, on a eu 10 lépreux guéris, mais 1 seul est revenu vers le Seigneur pour témoigner sa Gratitude, mais où sont passés les 9 autres ?

10= 1+9

Selon l'Histoire profane, les 9 autres sont Morts, ils ne sont pas revenus aux sources pour rendre le Merci au maitre de l'Univers. Car d'autres maladies sont venues de l'Inconnu et les ont frappés et ils sont Morts. *(Nous développerons le nombre **17 et 21** dans la suite de ce thème.)*

C'est Pourquoi si un démon est chassé d'un Corps et que ce Corps ne demeure pas dans la Puissance de la délivrance, le démon reviendra aussi avec 7 esprits impurs encore plus Coliasse et voilà pourquoi Dieu châtie 7 fois aussi. Le Diable n'est qu'un Mauvais Copiste.

- ✓ *1 c'est le Commencement de la création, de la Vie.*
- ✓ *9 c'est le zéro de la Mort, c'est pourquoi, les 9 autres lépreux s'étant éloigné de la Source de la Vie sont morts.*

Alors Jesus étant Monté en Haut, il a fait des dons aux Hommes pour perpétuer son Ministère selon l'ORDRE de Melchisédech :

JESUS A DIT AU JEUNE RICHE : *IL TE MANQUE 1 CHOSE* :

va et exécute cette seule Chose, qui est 1. Tout le reste de ses efforts et de sa Richesse n'était que 9 choses, or ces 9 choses, il les avait mais il n'avait pas la Vie Eternel le 1, le Tout en 1. Et c'est ce que font les Hommes en ces derniers temps sous l'influence de l'esprit des derniers jours.

IL DIT COMMENT HERITER DE LA VIE ETERNEL ?

Elle (La Vie Eternelle) est un Héritage, qui se lègue par le Ministère selon l'Ordre de Melchisédech, car c'est eux les vêtements Oint du Seigneur.

Ce sont ces Vêtements Oints que les Os desséchés, que sont les Humains se tenant sur le Chemin de l'Inconnu, doivent Retrouver et Toucher, pour stopper leur perte de sang, leur perte de…

Ces Vêtements Oints sont chargés et Commissionnés d'appeler des Humains ayant une Ame en eux à recevoir la Bonne nouvelle qui réjouir le Cœur avec le témoignage du regard. Cette même bonne nouvelle oindra les os desséchés qu'ils sont et ils reprendront Vie.

LE SEIGNEUR a 5 Esprit qui sont entre ces mains

Apôtre-Evangéliste-Prophète-Pasteur-Docteur.

Ces 5 Esprits Ministères Don ont 6 Yeux comme les 4 Etres Vivant en Apocalypse :

Deux Types d'Onctions d'Yeux

- ✓ ***1ère Onction : le Ministère du Regard pour la Compassion et de l'Eclairage.***

- ✓ ***2ème Onction : le Cri du Regard du 1er Appel et celui du Dernier Appel qui est le ''Suis-Moi''.***

Ces yeux exercent le Travail selon le Principe :

- ✓ ***Il est le même : Hier, Aujourd'hui et Eternellement***

2 yeux : pour observer et Comprendre ce que le créateur à fait hier par (Jésus-Christ et les Prophètes de l'ancien Testament)

2 yeux : pour sonder et comprendre ce qu'il accomplit comme Prophéties, Promesses aujourd'hui (Retour à la Foi ; à la Parole et aux Œuvres Apostoliques. Préparation pour l'Enlèvement ; la Seconde Venue du Seigneur Jésus-Christ Accomplie depuis le 28 Février 1963)

- ✓ ***2 yeux pour pointer du doigt les Promesses à venir et les Préparer à ça (Millenium, Eternité, le Jugement du Trône Blanc…)***

Ces Esprits *Don-Ministère* sur la terre, doivent se nourrir du Message du 7ème esprit, de la 7ème Etoile, qui est aussi les Yeux de Christ en ces derniers Jours par rapport à son message prophétique sous les 7 Tonnerres révélant les 7 Sceaux, Dieu lui-même étant le 7ème Sceau. Car il déverse aussi dans l'air, sa Coupe contenant les 7 Fléaux en livrant le message prophétique. C'est pourquoi ces Malheurs s'abattent sur la Terre et sur ces **Habitants jusqu'aujourd'hui et leur Fin se soldera par la Pluie de Feu ; par les Bombe Nucléaires ; par *le Feu de Souffre* et par le *Feu Saint.***

> *LA REINE DE SEBA TIFTON GA USA Dim 10.01.60*
>
> *29.* ***Quand Dieu envoie un don aux gens et qu'ils reconnaissent cela, c'est toujours un âge d'or. Mais lorsqu'ils refusent cela, il ne reste que le chaos pour cette génération.*** *Maintenant, écoutez attentivement. Si Dieu a envoyé le Saint-Esprit dans cet âge comme signe, et que nous rejetons Cela, il ne reste que la destruction.* ***Mais si nous refusons cela, nous sommes sûrs d'exploser de la terre. Les bombes atomiques sont suspendues, prêtes maintenant, et chacun a peur de tirer sur la gâchette****...*

Parmi les 5 Ministères Dons, Christ en a pris 1, qui est le Ministère Prophétique ; soit lui-même son ministère.

Le Chiffre 5 est la Grace,

Le Créateur en les envoyant sur la terre, leur a dit quand vous rentrerez au milieu des Nations, au milieu des Peuples, au Milieu d'une famille et s'il y a un enfant de Paix, prononcer la Paix sur lui et s'il n'y en a pas, *votre Parole Prononcée vous reviendra.*

Or celui qui prononce la paix, doit être un Modèle de Justice.

Melchisédech : Roi de Paix et de Justice.

C'est le Ministère selon l'Ordre de Melchisédech qui accorde la Paix aux Habitants de la terre.

Maintenant Remarquez que Jesus se tenant en Apocalypse, la Bible dit qu'il se tient au Milieu des 4 Etres Vivant, et ils appellent les Adorateurs : Viens

Or le dernier Appel de christ pour le Jeune Homme Riche, était *Viens et Suis moi*.

- ✓ L'Apocalypse étant le livre de la Fin contenant les Prophéties de la Fin, le Dernier Appel est lancé aussi par 5 Ministères avec Christ étant l'Onction *Prophétique et Suprême*.

Voyez-vous le chiffre 4 avec les 4 êtres Vivants protégeant le Trône ?

- ✓ 4 est l'équilibre, c'est la Protection et la Délivrance avec le Dernier Appel. Il en a encore comme le jeune riche, qui s'en détourne et leur fin sera...

Pour Pouvoir Protéger l'Eden, il a fallu aussi un Fleuve à 4 Branches avec leur Nom alpha.

C'est à la Venue de la 4ème personne *(Elihu)* vers Job, qui ouvrit le Chemin vers le Rédempteur.

Même dans le livre de Vie, il en a 4 type de personnes dont les œuvres sont inscrites:

- ✓ ***Type 1 : l'Epouse de Christ...***
- ✓ ***Type 2 : les justes de Matthieu 25 ; les Vierge Folles***
- ✓ ***Type 3 : les Adorateurs Frontalier, Judas Iscariot ; Koré et Dathan, Balaam dont les noms étaient Inscrits mais qui seront effacés du Livre de Vie***
- ✓ ***Type 4 : ceux dont les noms n'ont jamais été inscrits dans le Livre cependant leurs œuvres fut inscrits dans le Livre de Vie, la bête, son image, ses adeptes et Pharaon***

> *Et tous les habitants de la terre l'adoreront, ceux dont le nom n'a pas été écrit dès la fondation du monde dans le livre de vie de l'agneau qui a été immolé.*
>
> *Apocalypse13 :8*

La bête que tu as vue était, et elle n'est plus. Elle doit monter de l'abîme, et aller à la perdition. Et les habitants de la terre, ceux dont le nom n'a pas été écrit dès la fondation du monde dans le livre de vie, s'étonneront en voyant la bête, parce qu'elle était, et qu'elle n'est plus, et qu'elle reparaîtra

Apocalypse 17 :8

Car l'Écriture dit à Pharaon: Je t'ai suscité à dessein pour montrer en toi ma puissance, et afin que mon nom soit publié par toute la terre.

Romains 9.17

Exposé des 7 âges de l'Eglise : l' Age de l'Eglise de Sardes page 270-271

Citation E 280-1

EXPOSÉ DES SEPT ÂGES DE L'ÉGLISE. L'ÂGE DE L'ÉGLISE DE SARDES. PAGE 280

280-1 Avant de poursuivre, faisons le point de ce que nous avons vu jusqu'à présent. ***En premier lieu****, nous savons en toute certitude que le plan de Dieu se trouve dans l'élection.* ***Le choix était décidé en Lui. C'était le dessein de Dieu de susciter un peuple semblable à Lui, qui serait une Épouse-Parole. Elle a été choisie EN LUI avant la fondation du monde****. Elle était connue et aimée d'avance, avant même d'être apparue sur terre au cours des âges.* ***Elle a été rachetée par Son sang, et elle ne pourra JAMAIS passer en jugement****. Elle ne peut pas être jugée, car aucun péché ne peut lui être imputé. Romains 4.8: «Heureux l'homme à qui le Seigneur n'impute pas son péché! »* ***Mais elle sera bien avec Lui sur Son trône de jugement, pour juger le monde, et même les anges. Son nom (chacun de ses membres) a été écrit dans une partie du Livre de Vie avant la fondation du monde. En second lieu, il y a une autre catégorie. Leurs noms sont aussi inscrits dans le Livre de Vie, et ils apparaîtront dans la deuxième résurrection. Les vierges folles et les justes, dont il est parlé dans Matthieu 25, en font partie. Dans cette catégorie, on trouve aussi ceux qui***

n'adorent pas la bête, et qui ne se laissent pas entraîner dans le système de l'antichrist, mais qui meurent à cause de leur foi, bien qu'ils ne soient pas de l'Épouse, car ils ne sont pas nés de nouveau. Mais ils apparaîtront à la deuxième résurrection, et ils entreront dans la Vie éternelle. En troisième lieu, il y a les chrétiens limitrophes, semblables à ce que nous avons vu au milieu d'Israël alors qu'ils sortaient d'Égypte. *Leurs* ***noms étaient inscrits dans le Livre de Vie****, et* ***leurs oeuvres étaient inscrites dans les autres livres. Mais parce qu'ils n'ont pas obéi à Dieu, qu'ils étaient dénués de l'Esprit, même si les miracles et les prodiges étaient parmi eux, leurs noms seront effacés du Livre de Vie. Parmi ce groupe, il y aura ceux qui, comme Judas, étaient religieux, avaient des manifestations dans leur vie, bien qu'étant entièrement dépourvus du Saint-Esprit; ils avaient beau être inscrits dans les livres, ils n'étaient pas élus EN LUI. Ceux qui sont semblables à Balaam seront aussi dans ce groupe. En quatrième et dernier lieu, il y a ceux dont les noms n'ont jamais été inscrits dans les livres****, et ne* **le seront jamais**. Nous les trouvons dans Apocalypse 13.8 et dans Apocalypse 17.8: «Et tous les habitants de la terre l'adoreront, ceux dont le nom n'a pas été écrit dans le Livre de Vie de l'Agneau qui a été immolé dès la fondation du monde. **La bête que tu as vue était, et elle n'est plus. Elle doit monter de l'abîme, et aller à la perdition. Et les habitants de la terre, ceux dont le nom n'a pas été écrit dès la fondation du monde dans le Livre de Vie, s'étonneront en voyant la bête, parce qu'elle était, et qu'elle n'est plus, et qu'elle reparaîtra.» Jésus a dit qu'un certain groupe allait accepter quelqu'un qui viendrait en son propre nom**. **Ce quelqu'un, c'est l'antichrist. C'est bien ce qu'il est dit d'eux dans Apocalypse 13.8 et 17.8**. **Dieu les a prédestinés – mais non pour l'élection.** Et dans ce groupe, **il y a ceux qui sont comme Pharaon**. Il est dit de lui: « Je t'ai suscité à dessein pour montrer en toi Ma puissance. Des vases de colère formés pour la perdition» (Romains 9.17 et 22). **Aucun de ceux-là ne peut être inscrit dans les registres de la Vie. Je ne dis pas qu'il n'y a rien d'inscrit à leur sujet. Sans aucun doute, il y a quelque chose d'inscrit à leur sujet,**

> **mais CE N'EST PAS DANS LES REGISTRES DE LA VIE. Le but de leur existence n'a été qu'effleuré dans le reste de ce livre**, *mais nous pouvons mentionner encore deux versets. Proverbes 16.4: «L'Éternel a tout fait pour un but, même le méchant pour le jour du malheur.» Job 21.30 [version Darby – N.D.T.]: «Le méchant est épargné pour le jour de la calamité [...] ils sont emmenés au jour de la fureur ».*

ALORS QUAND DES HUMAINS CRIENT

Voulant voir Dieu, sachez que Dieu est en Chemin avant même qu'ils ne se mettent à réclamer cela. Lorsque le crime des hommes au temps de Noé avait souillé la Terre, il a fallu que lui-même Descende pour Constater cela, il était en plein chemin pour le constat.

<u>Jesus a dit</u> : *le Temps de la Fin (les Derniers temps), sera comme au Temps de Noé*

- ✓ *Mais qu'est-ce que l'Homme pour que toi l'Eternel, tu te souviennes de lui en ces Derniers temps par ce Dernier Appel ?*

C'est pourquoi nous devons d'autant plus nous attacher aux choses que nous avons entendues, de peur que nous ne soyons emportés loin d'elles : <u>*ces Paroles de la Prophétie*</u>

> ***C'est pourquoi nous devons d'autant plus nous attacher aux choses que nous avons entendues, de peur que nous ne soyons emportés loin d'elles.***
>
> <u>Car, si la parole annoncée par des anges a eu son effet, et si toute transgression et toute désobéissance a reçu une juste rétribution,</u>
>
> <u>***comment échapperons-nous en négligeant un si grand salut, qui, annoncé d'abord par le Seigneur, nous a été confirmé par ceux qui l'ont entendu***</u>
>
> *Hébreux 2.1-3*

Que tout être Humain qui a des Oreilles entende ce que l'Esprit Prophétique adresse aux peuples de la Terre.

Oui, oui, il lui faut des Oreilles et non pas une Oreille, car Pierre ayant coupé une Oreille à l'un des soldats qui venaient capturer le Messie, le créateur lui-même a dû ramener une nouvelle Oreille afin d'accomplir cette Parole.

Dieu averti toujours avant de prononcer le Jugement.

Un Prophète Comme Noé est envoyé à toute la terre avec une Grande Gloire et une grande autorité dont la Voix fait écho au ciel et sur la Terre. Et il laissa un Message.

Cependant, il y a encore sur cette terre une génération Méchante et perverse qui rejette cela.

<u>Christ est en chemin par le Cri, la Voix et la Trompette</u>

Voilà encore les 3 choses ici, que celui qui a de la sagesse en fasse recours car c'est ici que l'esprit de la Prophétie se révèle. Lui la Personne Remarquable, la Personne du 7ème Sceau.

Ou sont encore ces gens qui prétendent adorer Dieu ? Pourtant ils sont dans la Religion tenant la Bible en main, professant Croire Dieu, ils s'humilient, ils jeunent plus que tous, et cependant ils prient sans intelligence.

- ✓ *Maitre Pourquoi les autres Jeunent, alors que ceux-ci ne jeunent pas ?*

Si l'Epoux est présent ici sur la terre avec *le Cri, la Voix et la Trompette,* on jeunera différemment de ceux qui ne croient pas en lui mais qui le font jusqu' à aller mourir sur des montagnes de l'Enfer.

L'Epoux est présent ici sur la terre, il est voilé dans ces Vêtements oints, en train d'œuvrer cependant les hommes le haïssent.

Oh Les Ayant regardé, il les Aima quand même.

Nous ayant regardé, il nous aima aussi.

Et il nous prescrit ces Recommandations.

Quand Dieu Avait regardé Jacob et Esaü, depuis l'Eternité, il connaissait la Fin des deux, qui l'accepterait et qui le rejetterait.

Connaissant la Fin avant même le Commencement, il avait tout établi. C'est pourquoi aucun Humain n'est caché aux yeux de YHWH.

Il connait les Intentions de nos cœurs et Il y a 2 personnes à qui aucun Humain ne peut Mentir :

- ✓ L'humain lui-même et
- ✓ Le créateur, le Père Eternel.

Le seigneur ayant dit :

J'ai aimé Jacob et j'ai rejeté Esaü, il ne voulait pas dire qu'il a fait exprès pour ne pas sauver Esaü, c'est parce qu'Esaü n'était pas Sauvable comme le jeune homme riche. C'est cela l'<u>Omniscience</u>.

Quand Esaü a grandi, la suite de sa vie a démontré son mépris en vers Dieu, sa Vie a démontré qu'il n'a jamais aimé Dieu, ni chercher les voies de Dieu.

Dieu l'ayant regardé, avait défini son choix, car il est l'Omniscientifique connaissant toute choses.

Qu'est-ce que l'homme pour que tu puisses porter ton regard sur lui ?

- ❖ *Mais Concernant Judas Iscariot et Pierre, il n'a pas dit j'ai aimé Pierre et j'ai rejeté Judas, il a laissé chacun démontrer la Vie qu'il avait pour lui.*

Pour Terminer, il a donné une Prophétie pour montrer qui allait le rejeter, et voici le Signe :

…

Mais quand a Pierre, il lui a demandé 3 fois :

- ✓ *Pierre m'aimes-tu ? oui seigneur*
- ✓ *Pierre m'aimes-tu ? oui seigneur*

- ✓ *Pierre m'aimes-tu ? oui seigneur*

De même en ces derniers jours :

1. Le CRI retentit avec un message, Pierre m'aimes-tu ?
2. LA VOIX retentit avec un message, Jeune Riche m'aimes-tu ?
3. LA TROMPETTE retentit avec un message, Esaü m'aimes-tu ?

<u>Jesus aussi l'ayant regardé, il l'aima, cependant Jesus lui a dit : le Coq ne chantera pas 3 fois que tu m'aurais renié</u>

- ✓ Jesus ayant regardé le Jeune homme riche, il lui dit va et fait une Seule chose qui te manque :

Cependant, le Jeune Riche a rejeté le seigneur, or si s'était que le Seigneur lui avait dit : va-t'en, je t'ai renié, il allait dit que le seigneur était un Méchant Dieu, qui condamne et rejette ses créatures mais le seigneur lui laissa le choix.

NOTEZ LES 4 CHOSES QUE FAIT LE CREATEUR QUAND IL SE LANCE EN AMOUR

- ✓ *Il se met toujours sur le chemin du nécessiteux*
- ✓ *Il le regarde et lui apporte son Amour*
- ✓ *Il lui donne des recommandations*
- ✓ *Et il lance le dernier Appel : Viens et suis-moi*

Oh le dernier Appel est lancé comme un Cri de Rassemblement : Viens et suis-moi

Mais où sont les Habitants de la Terre devant cet Esprit de Miséricorde pour une Repentance Véritable ?

- ✓ Qu'est-ce que l'homme, pour que tu te souviennes de lui? Et le fils de l'homme, pour que tu prennes garde à lui?

- ✓ C'est pourquoi nous devons d'autant plus nous attacher aux choses que nous avons entendues, de peur que nous ne soyons emportés loin d'elles.

Le Denier Appel est lancé et il y a Beaucoup d'appelés mais où sont-ils ? Ils sont remplis et étouffés par la Religion et par les soucis du ventre.

Le Dernier Appel est lancé, la Voix retentit entre le Ciel et la Terre ma Voix retentir comme celle du Prophète et est enregistrée, elle retentira comme le dit la Citation :

> **VIENS, SUIS-MOI TUCSON AZ USA Sam 01.06.63**
>
> 27. Mais il y a autre chose qui va avec cela. Il y a quelque chose qui va avec cela. **Ce soir, cette Parole-là n'est jamais morte. Elle est toujours un défi à chaque jeune homme, à chaque jeune femme. «Suis-Moi.» Voyez, les paroles ne meurent pas.** Chaque fois que vous prononcez quelque chose, souvenez-vous-en bien, que ça soit en secret à bord de votre voiture, que ça soit à la chaire, que ça soit là au coin de la rue avec votre ami ou amie, où que ça soit, **ça ne meurt jamais. Ça–ça doit vivre pour toujours.**
>
> **VIENS, SUIS-MOI TUCSON AZ USA Sam 01.06.63**
>
> 28. Quand j'ai vu cette fille-là que je–l'autre soir dans la vision : une jolie jeune fille, une actrice d'Hollywood, et je l'ai vue mourir, étendant le bras pour essayer d'appeler au secours. **Et elle est morte d'une crise cardiaque. Mademoiselle Monroe. Ainsi, cela fait deux ans que je l'ai vue mourir**. Et deux jours après, elle était effectivement morte.
>
> Et puis l'autre soir, j'ai entendu la voix de cette fille-là. Comment? Les enfants me disaient : «Papa, tu vas tout le temps à cette rivière 'River of No Return'.» Ils ont dit : «Ils ont un film là-dessus ce soir.» «Ils m'ont dit une ou deux semaines en avance qu'il passerait un certain soir. Je me suis dit : «Eh bien, j'aimerais voir cela, parce que je me suis rendu à cette rivière deux ou trois fois, environ cinq fois, je pense.»

Eh bien, je suis allé voir cela, et c'est Mademoiselle Marilyn Monroe qui l'avait joué. Certes, c'était la fille que j'avais vue en vision. Et elle était là dans le film–et les actions, l'acte même qu'elle avait posé à la rivière «River of No Return» quand elle jouait ce film -là, il y a peut-être quinze ans. C'est un vieux film d'il y a peut-être vingt ans. Et elle était morte depuis deux ans, mais la voilà, de nouveau vivante. Chaque action et chaque parole (voyez-vous?), c'est toujours enregistré sur la bande magnétique de sorte que cela est encore vivant.

VIENS, SUIS-MOI TUCSON AZ USA Sam 01.06.63

29. **Non seulement cela, mais chaque chose que nous disons reste vivante. Chaque parole que nous prononçons ne peut mourir.** Il y a présentement des paroles et des images des gens qui traversent cette salle. La télévision capte cela. Vous pouvez parler juste ici et on vous écoute à travers le monde à la seconde même. Même avant que vous n'entendiez cela dans cette salle, cela parcourt le monde par l'électronique. Et **le grand écran de Dieu capte cela. Et chaque mouvement que vous faites et chaque acte que vous posez, vous aurez à les rencontrer au jugement.** Voyez-vous? **Ainsi, jeune homme, il est convenable que vous vous arrêtiez et que vous réfléchissiez sur ces choses** (voyez-vous?) parce que vous rencontrerez cela de nouveau. Voyez-vous?

Ma voix retentira contre vous un jour et elle l'est présentement, même La voix du seigneur sera capté selon la Science, celle de depuis 2000 ans en arrière

VIENS, SUIS-MOI TUCSON AZ USA Sam 01.06.63

30. **Suivons ce jeune homme–l'occasion qui lui avait été offerte. Et mettez-vous à sa place–et jeune fille, faites juste de même, qui que vous soyez**, Becky, Marilyn. Juste comme ... **juste comme si vous étiez à sa place et que vous pouviez entendre cette voix qui est toujours vivante... Elle est toujours vivante. Elle se meut toujours.** **La science**

> **affirme que d'ici vingt ans on captera Sa Voix littérale, Celle qu'Il fit entendre il y a deux mille ans. Elle est toujours vivante.** C'est comme un caillou qui tombe dans l'océan. La vague ne s'arrête jamais. Elle parcourt des milliers des kilomètres jusqu'au rivage, ensuite elle revient.
>
> VIENS, SUIS-MOI TUCSON AZ USA Sam 01.06.63
>
> 31. Dès qu'une voix est une fois lancée comme cela dans l'air, elle ne meurt jamais. Il n'y a rien que vous puissiez dire au jugement; elle est bien là. **Il y aura la Voix de Jésus-Christ invitant ce jeune homme**: **«Suis-Moi.»** Et lui apparaîtra à l'écran, rejetant cela, ce qui est pitoyable; parce qu'il avait de grandes richesses. Voyez-vous?
>
> *Nous pourrions même ne pas être–doit toujours être de l'argent. Cela peut être autre chose. Voyez-vous? Tout ce que nous estimons plus précieux que cet appel (voyez-vous?), cela devient comme de l'argent pour nous. Cela devient quelque chose qui nous corrompt*

ILS SE SONT CONSTITUES EN SERVITEUR INUTILES.

Le Serviteur Utile que je suis-je réponds au Maitre Suprême, je réponds à l'Amour Inépuisable :

- ✓ Maître, ce que tu as ordonné a été fait, et il y a encore de la place.

Et le Maitre me répond :

- ✓ Va dans les chemins et le long des haies, et ceux que tu trouveras, contrains-les d'entrer, afin que ma maison soit remplie.

Le Serviteur Utile s'écrie :

- ✓ Oh Venez car Tout est Déjà Prêt

La Réponse des Serviteurs et Adorateurs inutiles à l'envoyé du Maitre :

3 réponses, mais tous unanimement se mirent à s'excuser.

1. *Le premier me dit: J'ai acheté un champ, et je suis obligé d'aller le voir; excuse-moi, je te prie.*
2. *Un autre me dit: J'ai acheté cinq paires de bœufs, et je vais les essayer; excuse-moi, je te prie.*
3. *Un autre me dit: Je viens de me marier, et c'est pourquoi je ne puis aller.*

La Réplique de toutes les 3 réponses ne sont liées qu'aux œuvres de la chair, liées à la Loi du péché :

- ✓ *le Ventre et le Bas Ventre,*

Un meurtri s'écrie :

- ✓ *Qu'est-ce que l'homme, pour que tu te souviennes de lui? Et le fils de l'homme, pour que tu prennes garde à lui?*
- ✓ *C'est pourquoi nous devons d'autant plus nous attacher aux choses que nous avons entendues, de peur que nous ne soyons emportés loin d'elles.*

La dernière Réponse plane dans les rues de la Terre sous l'Esprit de la Prophétie et les Bombes Nucléaires planent aussi au-dessus de leur tête comme réponse en leur réaction incredule.

1. *Je me demande est-ce le nombre des années de leur vie qui les Influence ?*
2. *Ou bien, est-ce la valeur du Nombre de leur vie qui les influence ?*

Même la bête possède un nombre et un chiffre et elle œuvre sous l'influence de la valeur du nombre de son nom.

Mais qu'en serait-il du reste des habitants de la terre ?

Selon Saint Marc, on aura une Expression Alphanumérique qui est : MARC10:17-21

Cette Expression Alphanumérique nous donne la Largesse de s'occuper des réalités des Nombres dans notre Vie et quel rapport y a-t-il avec nous ?

Le Nombres 10 ; 17 ; 21 feront l'échafaudage d'un sujet dans ce thème.

- ✓ Le créateur continue-t-il son chemin sur la terre selon ces Nombres ?
- ✓ Regarde-t-il et il aime-t-il encore tous ?
- ✓ Quelles sont les recommandations que pourrait donner par son Amour ?
- ✓ Quel but ces recommandations ont-elles d'accomplir dans la Vie de l'Humain ?
- ✓ Quel est le dernier appel lancé et son but en rapport avec son Omniscience?
- ✓ cet appel est-il une Contrainte ? Viens et suis-moi !
- ✓ l'homme n'est-il pas libre par son propre choix ?

Omniscience, Illumination, Intelligence, Connaissance

Série 2 : L'Essence de l'Omniscience

*Comme **<u>Jésus se mettait en chemin</u>**, un homme **accourut**, et **se jetant** à **genoux devant** lui: **Bon maître**, lui demanda-t-il, que dois-je faire pour hériter la vie éternelle?*

Jésus lui dit: Pourquoi m'appelles-tu bon? Il n'y a de bon que Dieu seul.

Tu connais les commandements: Tu ne commettras point d'adultère; tu ne tueras point; tu ne déroberas point; tu ne diras point de faux témoignage; tu ne feras tort à personne; honore ton père et ta mère.

*Il lui répondit: **Maître, j'ai observé toutes ces choses dès ma jeunesse.***

***Jésus, <u>l'ayant regardé</u>**, l'**<u>aima</u>**, et **<u>lui dit</u>**: **Il te manque une chose**; va, vends tout ce que tu as, donne-le aux pauvres, et tu auras un trésor dans le ciel. Puis viens, et suis-moi.*

Marc 10.17-21

C'est pourquoi nous devons d'autant plus nous attacher aux choses que nous avons entendues, de peur que nous ne soyons emportés loin d'elles.

Hébreux 2.1

(8:5) Qu'est-ce que l'homme, pour que tu te souviennes de lui? Et le fils de l'homme, pour que tu prennes garde à lui?

Psaumes 8.5

Nous allons aborder ce rivage en Définissant quelques Notions :

Selon mes recherches, j'ai pu dénicher quelques définitions qui sont les suivantes :

Bon, quand vous voulez faire passer souvent un message, vous ne vous arrêtez pas dans une seule langue, mais très souvent, vous voulez parcourir d'autres langues qui ne sont pas la vôtre fin d'atteindre plus de monde.

Nos lopes se dirigeront vers le Grec et le Latin… et ceci demeura toujours le Principe de Dieu de vouloir faire quelque chose. C'est pour cela le Parler en Langue a été donné comme aussi moyen de communication et étendre le message.

- **Qu'est-ce que l'Essence d'une chose ?**

Du Grec ***Ousia*** puis du Latin ***Essentia*** tiré de ***esse (« être »).*** L'**essence** désigne ce qui fait **qu**'une **chose est** ce **qu**'elle **est**, indépendamment de ce qui lui arrive sans modifier fondamentalement sa nature. L'**essence** s'oppose donc à l'accident

Essence en Philosophie

1.
Fond de l'être, nature des choses.

Synonymes : Nature-Substance

2.

Ce qui fait qu'une chose est ce qu'elle est ; **ensemble des caractères constitutifs et invariables** (essentiel).

L'essence de l'être humain réside en la pensée

Important terme philosophique ayant une très longue histoire. L'**essence** d'un être, c'**est** ce qu'il **est** vraiment, ce qui fait qu'il **est** ce qu'il **est**. « L'**essence** coïncide **avec ce qu'il y a de plus intime** et de presque **secret dans la nature** de la chose.

Alors élançons nous sur la réflexion de l'essence de la Nature *(l'Arbre ou Fleur)* :

L'essence de la Nature est liée à la Sève et la *Couleur* **Verte**. La Chlorophylle : c'est cet élément dans la Plante qui lui permet de réaliser la Transformation Biologique : elle sert à la Plante de transformer la Lumière en énergie chimique.

La **sève** et la **Chlorophylle** sont les éléments essentiels pour la Vie et l'Existence d'une Plantes. La Sève est en quelque sorte comme le **Sang** et la Chlorophylle comme le **cerveau**.

Par-dessus tout, la sève et la Chlorophylle sont contrôlées par une Intelligence Divine et entretenu par l'Amour Divin. Ce qui fait que la Vie Botanique ne demande aucun Conseil à l'humain qui se croit le plus sage, à pouvoir Evoluer.

C'est pourquoi vous pouvez voir les Plantes Obéirent à la Mathématique de Dieu. Et c'est cela l'Essence de de la Plante. *Image 3*

Il y a certaines plantes qui évoluent selon l'Ordre d'une suite Numérique par développement de leur Fleur ce qui me fait penser à la Suite de Fibonachi, et obéissent à la Loi des Nombres Entiers Naturel et la loi des Nombres Premiers.

Alors l'Humain ayant la Configuration Biologique, est contrôlé par deux Grandes Choses qui sont : <u>le Sang</u> distribué par le Cœur et l'<u>Intelligence</u> dirigé par le cerveau. Il faut dire que tout ce qui est animé d'une Intelligence Supérieure et Divine, a toujours dépassé tout entendement Humain et rapporté fait à une Action et Sagesse Divine.

Or tout ce qui est hors de la Portée Humaine ne peut qu'émaner de l'Ordre Divin.

Et l'Homme a les sentiments Humain mais il n'a pas les Sentiments de l'Ordre Divin : la Charité. Et il ne demeure pas dans les Lois de Dieu c'est pourquoi il souffre énormément. Un Jour la Nature lui enseignera les Jugements Divins et les Valeurs Divines. On n'en est plus trop loin et même la Moitié d'un Temps suffira pour lui inculquer cela.

Mais cet humain étant hors des Lois du créateur, s'est mis lui-même dans la Tombe de la Folie et de l'Intelligence sans Sagesse.

Pourtant toute Sagesse et Intelligence qui n'égare pas mais plutôt éclaire et garantit une sécurité Véritable, ne peut que' découler du Grand Omniscient. C'est pourquoi il est dit :

> ***L'Esprit de l'Éternel*** *reposera sur lui:* ***Esprit de sagesse*** *et* ***d'intelligence, Esprit de conseil et de force, Esprit de connaissance*** *et de crainte de l'Éternel.*
>
> *Ésaïe 11.2*
>
> *La* ***crainte de l'Éternel est le commencement de la sagesse****; Tous ceux qui* ***l'observent ont une raison saine****. Sa gloire subsiste à jamais.*
>
> *Psaumes 111.10*
>
> *Le commencement de la sagesse, c'est la crainte de l'Éternel; Et la* ***science des saints, c'est l'intelligence****.*
>
> *Proverbes 9.10*
>
> ***Puis il dit à l'homme****: Voici,* ***la crainte du Seigneur, c'est la sagesse****;* ***S'éloigner du mal, c'est l'intelligence****.*
>
> *Job 28.28*
>
> ***La crainte de l'Éternel est le commencement de la science; Les insensés méprisent la sagesse et l'instruction****.*
>
> *Proverbes 1.7*
>
> *Tes jours seront en sûreté;* ***La sagesse et l'intelligence sont une source de salut****;* ***La crainte de l'Éternel, C'est là le trésor de Sion****.*
>
> *Ésaïe 33.6*

La Crainte dont les Saintes écritures font mention et Allusion n'est ***que l'Amour Divin en soit*** *car c'est par ce même Amour il supporte Toute chose et donne l'Essence à Toute chose.*

Et c'est pourquoi lorsque le Prophète William Branham visita la 6ème Dimension *ou la Dimension des Saints appelé encore le Paradis, il lui a été dit par l'Ange du Seigneur que :* ***c'est seulement l'Amour Divin qui fait rentrer ou qui donne accès à cette Dimension.***

Et le seul langage pour lui de décrire cet endroit qui n'était plus que Félicité, n'était que d'utiliser ce ***Mot Amour ou Charité Divine*** *ou encore* ***Agapao****.*

N'oublions pas aussi que, qui aime bien Châtie aussi.

Or une **créature sans l'Amour de Dieu est un être Mort** quoi qu'il ait une âme, le Sang en lui et une intelligence pour résoudre des Problèmes.

Et si une plante n'a pas la Coloration Verte, elle est considérée comme Morte quoi que vivante.

Celui qui est le Tout en tout a préparé une voie de sortir pour l'être Humain égaré dans ces voix de Folie et l'humain a, cependant vomi cette seule Solution de l'Equation. Oh l'Inconscience contre l'Omniscience !

Ce qui fait que les gens ont du mal à voir et reconnaitre Dieu sur leur Chemin, c'est à cause de ces 3 choses:

- ✓ *la Simplicité,*
- ✓ *la Vérité,*
- ✓ *l'Innocence de son amour.*

Et ils passent à côté de leur délivrance comme des Vulgaires Prisonniers.

Et si nous avons une partie de Dieu en Nous, je crois que cette partie de **Dieu va nous presser vers les œuvres de Dieu** car Il nous a élu dans ***Son Amour Christ*** pour l'**Adoption** : *Car l'amour de Christ nous presse, parce que nous estimons que, si un seul est mort pour tous, tous donc sont morts;*

Attachons nous aux choses de la Parole dont nous avons attendu de peur que nous ne soyons emportés loin d'elle.

Et cette seule chose qui nous attache à sa Parole, c'est cet Amour. Et c'est cela **l'Essence du Grand Omniscient**.

> *Béni soit Dieu, le Père de notre Seigneur Jésus Christ, qui nous a bénis de toute sortes de bénédictions spirituelles dans les lieux célestes en Christ!*
>
> ***En lui Dieu nous a élus avant la fondation du monde**, **pour que nous soyons saints et irrépréhensibles devant lui,***
>
> ***Nous ayant prédestinés dans son amour à être ses enfants d'adoption par Jésus Christ(Son Amour), selon le bon plaisir de sa volonté,***
>
> *à la louange de la gloire de sa grâce qu'il nous a accordée en son bien-aimé.*
>
> *Ephésiens 1.3-5*

Notre Préexistence avant que le monde ne soit, a été fait dans **l'Essence du Père : qui est son amour.**

Et c'est l'une des Grandes vêtues dans son Omniscience qui surpasse toute chose. Le rejeter c'est la séparation totale d'avec lui.

Ne soyez pas redevable envers qui que ce soit si ce n'est l'Amour.

L'Essence même du Père Créateur et de Tout, se mesure dans son AMOUR INFINI, c'est pourquoi il nous a prédestinés à partir de cet Essence dans son Omniscience.

Aucune Intelligence quelconque ne peut surpasser cela, ni quoi que ce soit d'autre. Même pas le raisonnement Humain Incrédule.

L'AMOUR SURPASSE TOUTE CONNAISSANCE

> *en sorte que Christ habite dans vos coeurs par la foi; afin **qu'étant enracinés** et **fondés dans l'amour**,(l'Habitation de Christ, son enracinement, sa Fondation n'est basé que sur son Essence : l'Amour)*
>
> ***vous puissiez comprendre** avec tous les saints quelle est la largeur, la longueur, la profondeur et la hauteur,*

> *et connaître l'amour de Christ, qui* ***surpasse toute connaissance****, en sorte que vous soyez remplis jusqu'à toute la plénitude de Dieu.*
>
> *Ephésiens 3.17-19*

Cette Compréhension du Père Elohim est fondée sur l'Essence de son Omniscience, et prend en compte les Paramètres suivants :

La Problématique de son Omniscience liée à

- ✓ *la largeur,*
- ✓ *la longueur,*
- ✓ *la profondeur et*
- ✓ *la hauteur,*
- ✓ *la Connaissance de son Amour.*

C'est ce que nous conduira à être rempli de tout son Etre.

Si l'abime de l'enfer a la Profondeur, la Longueur, la Largeur et la Hauteur.

Cependant les habitants de la Terre sont Stériles et aveugles devant toute cette Miséricorde, ayant l'Enfer à leur Narines.

La Faiblesse de cet Essence réside dans :

- ➢ **le Pardon de** *7 fois 77*
- ➢ **Sa Simplicité,**
- ➢ **Son Innocence** *(il ne soupçonne pas le mal et il ne fait point le mal) O réfléchissez à vos voies et voyez si cela est ainsi en vous*
- ➢ **sa Véracité**
- ➢ **Grace**
- ➢ **sa Lenteur et Patience à réagir**
- ➢ **le nombre du Pardon est 77*7 = 539 Centaine = 17 Dizaine = 8 Unité : l'Eternité, l'Infinité.**

> *Alors Pierre s'approcha de lui, et dit: Seigneur, combien de fois pardonnerai-je à mon frère, lorsqu'il péchera contre moi? Sera-ce jusqu'à sept fois?*

> ***Jésus lui dit: Je ne te dis pas jusqu'à sept fois, mais jusqu'à septante fois sept fois.pardonné 7 fois 77.***
> *Matthieu 18.21-22*

Le Problème des Humains, leur Obstacle se résume en eux-mêmes par le fait qu'il a établi toute chose avant que qui que ce soit d'autre ou quoi que ce soit d'autre soit manifesté et c'est ce qui les empêche de Voir, reconnaitre et recevoir cet Amour. Ce que n'était pas le Cas pour Jésus-Christ, le Fils Unique.

Ils sont comme le serpent OUROBOROS qui s'autodétruit en se mordant la queue par manque de voir la Révélation et la suivre.

Ils ont perdu la Notion de cet amour depuis qu'ils sont manifestés dans cette Chair. Et ils rejettent cet Essence ou cet Amour Divin parce ce **qu'ils sont Stériles, Aveugles et Oisif devant les Portes de l'Enfer.**

- ✓ Ils sont Aveugles devant l'Enfer,
- ✓ ils sont stériles devant les Promesses de l'Heure qui leur Concernent.
- ✓ et ils sont Oisif car l'Amour et ces Vêtues ne sont point en eux.
- ✓ Ils viennent souvent chez l'Epouse et ces vêtues ne sont pas en eux avec Abondance. Et ils ne peuvent pas aller loin.

Ils sont freinés dans leur élan comme un cheval abattu en pleine course par un coup de fusil.

Leur Stérilité est perpétuelle parce qu'ils refusent de recevoir la Connaissance du Seigneur Jésus-Christ. L'Amour Parfait.

C'est Lui :

- ✓ *Esprit de sagesse et d'intelligence,*
- ✓ *Esprit de conseil et de force,*
- ✓ *Esprit de connaissance,*
- ✓ *La sagesse et l'intelligence comme source de salut.*

- Ils sont Stériles, aveugles et Oisif car ils ne peuvent pas voir Loin parce que *l'Enfer est au bord de leur nez.*
- Ils sont Stériles, aveugles et Oisif car *ils ont mis en oubli la purification de leurs anciens péchés.*

Vous ne pouvez pas aimer Christ sans son amour en vous, c'est cela sa Divine Puissance qui nous donne :

- Tout ce qui contribue à la vie et à la piété *(il ne peut pas avoir de Vie sans Piété)*
- Cette Vie et cette Piété est lié la Connaissance de celui qui appelle par sa Propre Gloire et vêtu.

Par conséquent personne ne peut venir à lui sans avoir sa Gloire et être stérile de ses Vêtues. Ce n'est pas Possible.

> *Comme sa divine puissance nous a donné tout ce qui contribue à la vie et à la piété, au moyen de la connaissance de celui qui nous a appelés par sa propre gloire et par sa vertu,*
>
> ***Lesquelles nous assurent de sa part les plus grandes et les plus précieuses promesses, afin que par elles vous deveniez participants de la nature divine, en fuyant la corruption qui existe dans le monde par la convoitise.***
>
> *2 Pierre 1.3-4*

Ils continuent dans leur Aveuglement parce qu'ils rejettent les vêtements Oints du Seigneur Jésus-Christ. La Femme qui perdait le Sang pendant des Décennies a eu Foi dans le vêtement parce que c'était la Seule Voie pour sa délivrance et cela est exigé aujourd'hui, et c'est pourquoi il a donné le Saint Esprit depuis la Pentecôte.

Selon la Formule Théosophique on aura :

Pentecôte = 50 = 5+0 = 5 ce sont les 5 Ministères Don que Jésus a fait aux Hommes sur la Terre pendant qu'il montait, et c'est eux qui vous conduiront à la Source du Salut par la Prédication de la Foi et les rejeter, c'est creuser sa Propre Tombe pour l'Enfer.

C'est eux les seuls, les 5 Esprits qui sont Issues du Ministère de Melchisedeck selon son Ordre avec 6 Yeux:

<u>Les 4 etres Vivants(protegeant le Trone en Apocalypse) avaient 6 yeux chacun et chaque paire d'yeux dégage de l'Onction selon le Principe qu'il est le meme:</u>

Hier-Aujourd'hui-Eternellement.

Les Yeux qu'ont les 4 Etre Vivant, était de veiller sur l'homme car 6 est le chiffre Humain.

Et 6 est le chiffre de l'Homme, par conséquent les 6 yeux sont liés à l'éclairage de l'Homme et à son appel pour le Salut.

L'Humain peut avoir un Chiffre, c'est que son Ame a un chiffre et son esprit en a un aussi.

C'est pourquoi Jesus devait regarder le Jeune Homme Riche et l'Aimé.

Deux Types d'Onctions que manifestent les Yeux

- ✓ *1ère Onction : le Ministère du Regard pour la Compassion et pour l'Eclairage.*
- ✓ *2ème Onction : le Cri du Regard, le 1er Appel et celui du Dernier Appel, le ''<u>Suis-Moi''</u>.*

2 yeux avec l'onction qui voit Christ et son œuvre Hier sur la Croix lié aux Loi et aux Prophètes.

2 yeux pour voir les œuvres d'aujourd'hui : Christ au temps présent, Christ au sommet de la Montagne Sunset et Christ dans son Peuple.

2 yeux pour voir christ qui vient pour le Millenium avec son Epouse, après les Bombes qui vont assécher les Eaux. Et même pour que le Roi du nord arrive pour le 3ème Malheur, l'Euphrate est asséché depuis

2020. Et le Roi pour le Millenium avec son Epouse, les Eaux de la Terre seront asséchés aussi pour faire place.

Vous me direz certainement pourquoi les 6 yeux ?

- ✓ 2 yeux pour hier
- ✓ 2 yeux pour Aujourd'hui
- ✓ 2 yeux pour demain

Parce que Jesus nous ayant regardé, il nous aime encore. La Puissance du regard de Compassion. Observez son regard sur la Montagne Sunset :

Image 4

Maintenant si nous n'arrivons pas à voir les Promesses qui s'accomplissent sous nos Yeux pour aujourd'hui c'est que nous sommes aveugles et stériles.

Ce qui reviendrait à dire les 3 esprits Impurs qui sont sortis de la Bouche du *Dragon*, du *Faux prophète* et de la *Bête* nous Influencent : et leur Influence sur les religieux : *ils ne regardent que ce qu'il a accompli hier*.

Les rétrogrades : la Dénomination dans le pentecôtisme et les églises du Message avec les regards fixés uniquement sur le Calvaire. ***C'est pourquoi la Majorité célèbre la Descente, l'Effusion du Saint Esprit***

mais Condamne la Descente du 7ème Sceaux, la Personne Remarquable, Christ le Glorifié pas dans une Chambre haute mais sur la Montagne Haute de l'Adoption et dans son Epouse : le Mont de la Transfiguration et Mont Sunset.

Ce que fait que nous sommes stériles en toutes choses et en tout temps, c'est que nous manquons de voir cet essence qui s'élance :. **Nous détournons nos regards de son Amour, nous détournons nos regards de son Regard**.

Oh Tournez les Regards vers Christ, car il nous regarde afin de nous donner son Essence.

Et son œuvre principale est le Pardon et le rachat :

Mais selon Saint Paul, cet amour le fait descendre à un signal donné :

- ✓ Sous le cri-sous la Voix et sous la Trompète :
- ✓ Et Il vient comme un Voleur :

Image 5

Un voleur quand il vient pour voler, il prend toujours la chose la Plus importante, il vient dans la Nuit.

Et Christ dans son Amour, il revient dans la Nuit noir de Laodicée.

Il vient de sorte à ne pas frapper les regards (Voilà sa Simplicité) :

Et c'est quand il sera parti que les gens se rendront compte : c'est toujours la Manière de faire d'un Voleur car ces temps de Nuit, la Majorité dorme même s'ils sont Assi dans les Morgues appelé église. Christ est en train d'Opérer, préparer l'Epouse, pour Son Enlèvement. Peuples de la Terre ouvrer les yeux car ses regards se fixent sur Nous.

- ✓ Et l'Epouse est dans ce processus. Il est descendu comme un Voleur le 28 Février 1963 pour se marier à la plus importante : l'Epouse, et non pas les églises.

Et l'épouse est plus importante que le Sang de christ, j'espère que vous n'êtes pas choqué :

L'argent est important mais quand il achète la nourriture, cette nourriture devient la chose la plus importante pour la vie.

Nous allons reprendre les commande pour rediriger l'avion sur le cape de l'Essence.

MAINTENANT NOUS SOMME DANS L'ESSENCE DE L'OMNISCIENCE :

Qui est l'Amour Divin :

Or selon Frère Branham l'Amour et la Foi sont liés :

- ✓ C'est pourquoi il dit quand lui l'amour reviendra, trouvera-t-il la Foi sur la Terre : c'est la Révélation.

Il a tant aimé le Monde qu'il a donné son Fils Unique afin que quiconque croie en lui, reçoive la Vie éternelle :

L'œuvres principales de cet Essence-l'Amour Divin :

- ➢ *Fait le Don d'un Fils pour le Salut du peuple*
- ➢ *Fait le Don d'une terre*
- ➢ *Fait alliance avec le peuple et sa Terre.*

- *Fait le Don de Révélation, la Foi*
- *Fait le Don de Sagesse qui surpasse toute chose*
- *Accorde La Grace.*

Le regard de la Grace, les regards de Jésus-Christ, vers le jeune Riche, projetait cet amour, mais il le rejeta, l'Enfer et ses Portes l'ont recueilli sur le chemin de l'Inconnu.

Il vous reste une seule chose à faire, vendez votre égoïsme et recherchez la Véritable Nouvelle Naissance.

NOUS VOYONS QUE POUR LA PREMIERE ETAPTE DE LA REDEMPTION,

Il fut la Pierre Angulaire qui fut rejeté

Et pour la 2ème étape de la rédemption, il fut la Pierre Faitière

Qui revient avec 3 Choses : le CRI-la VOIX-la TROMPETTE

Il est parfait en trois, c'est l'Essence de l'Omniscience qui fait sa Perfection.

3 étant la perfection, plaçons le chiffre 3 renversé en horizontal

Et plaçons la pierre Angulaire en dessous de ce 3 renversé, cela donnera l'Image d'un Cœur, c'est cela l'amour qui provient de la la Pierre Angulaire et de la Pierre Faîtière

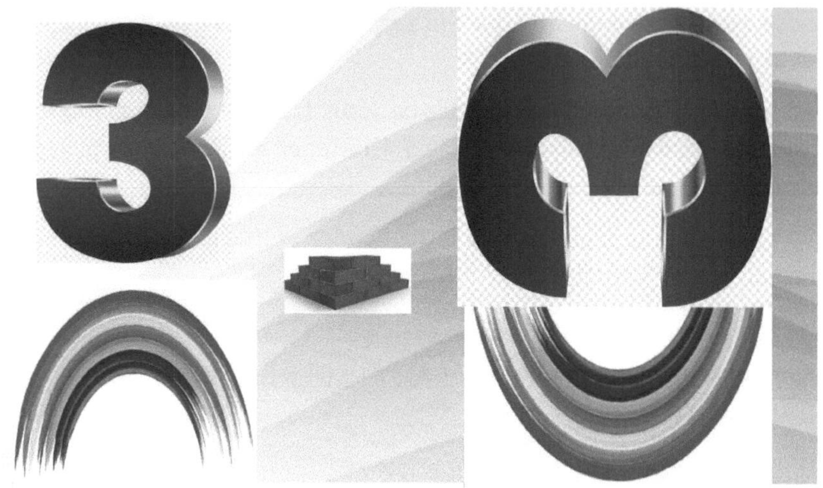

Image 5

J'ai aimé Jacob et j'ai rejeté Esaü, il ne voulait pas dire qu'il a fait exprès pour ne pas sauver Esaü, c'est parce qu'Esaü n'était pas Sauva blé comme le jeune homme riche. C'est cela l'<u>Omniscience</u>.

Quand Esaü a grandi, la suite de sa vie a démontré son mépris en vers Dieu, sa Vie a démontré qu'il n'a jamais aimé Dieu, ni chercher les voies de Dieu.

Dieu l'ayant regardé, avait défini son choix, car il est l'Omniscientique connaissant toute choses.

Qu'est-ce que l'homme pour que tu puisses porter ton regard sur lui ?

- *Mais Concernant Judas Iscariot et Pierre, il n'a pas dit j'ai aimé Pierre et j'ai rejeté Judas, il a laissé chacun démontrer la Vie qu'il avait pour lui.*

Pour Terminer, il a donné une Prophétie pour montrer qui allait le rejeter, et voici le Signe :

…

Mais quand a Pierre, il lui a demandé 3 fois :

- ✓ *Pierre m'aimes-tu ? oui seigneur*
- ✓ *Pierre m'aimes-tu ? oui seigneur*
- ✓ *Pierre m'aimes-tu ? oui seigneur*

De même en ces derniers jours :

4. Le CRI retentit avec un message, Pierre m'aimes-tu ?
5. LA VOIX retentit avec un message, Jeune Riche m'aimes-tu ?
6. LA TROMPETTE retentit avec un message, Esaü m'aimes-tu ?

<u>Jesus aussi ayant regardé Pierre, il l'aima, cependant Jesus lui a dit : le Coq ne chantera pas 3 fois que tu m'aurais renié</u>

- ✓ Jesus ayant regardé le Jeune homme riche, il lui dit va et fait une Seule chose qui te manque :

Cependant, le Jeune Riche a rejeté le seigneur, or si s'était que le Seigneur lui avait dit : va-t'en, je t'ai renié, il allait dit que le seigneur était un Méchant Dieu, qui condamne et rejette ses créatures mais le seigneur lui laissa le choix.

NOTEZ LES 4 CHOSES QUE FAIT LE CREATEUR QUAND IL SE LANCE EN AMOUR

- ✓ ***Il se met toujours sur le chemin du nécessiteux***
- ✓ ***Il le regarde et lui apporte son Amour***
- ✓ ***Il lui donne des recommandations***
- ✓ ***Et il lance le dernier Appel : Viens et suis-moi***

Pourquoi les gens ne voient pas ça ? parce qu'ils sont aveugles, stériles et Oisif comme le jeune homme riches.

Pourtant

- ✓ ***Il se meurt de Compassion pour vous***
- ✓ ***Il vous entend dans avec les cris amers***
- ✓ ***Il porte ses regards sur vous,***
- ✓ ***Il étend sa main et il veut vous touchez***
- ✓ ***Il traine sa Main de Miséricorde Avec ce dernier Appel : Viens et suis-moi***

Tournez les Regards vers lui, il demeure Le seul Remède pour ces Malheureux, il bannit la Peur devant le mal et devant les dangers :

Oh, j'ai Combattu le Bon Combat,
j'ai achevé la course, j'ai gardé la foi(Amour).
Désormais la couronne de justice m'est réservée ;
le Seigneur, le juste juge, me le donnera dans ce jour-là,
et non seulement à moi,
mais encore à tous ceux qui auront ***aimé*** *son* ***avènement****. (ce que Sa Seconde Venue aurai créé comme Amour en soi)*
L'amour ne fait point de mal au prochain: l'amour est donc l'accomplissement de la loi.
Et ce que je demande dans mes prières, ***c'est que votre amour augmente de plus en plus en connaissance et en pleine intelligence****.*

> *QUAND L'AMOUR S'ELANCE MINNEAPOLIS MN USA Sam 18.02.56D*
>
> *15. Et comme il fonçait sur moi, j'ai dit : « Créature de Dieu, je suis un serviteur de Dieu; je vais pour un motif valable, rendre une visite à un homme qui se meurt. Et notre Créateur m'a envoyé, et je suis désolé de déranger ton repos, mais au Nom de Celui qui nous a créés tous deux, va te coucher sous l'arbre. »*
>
> *Et quand il est arrivé tout près de moi, à dix pieds [trois mètres–N.D.T.],* ***je n'avais plus peur de cet animal****, pas plus que je n'aurais eu peur de mes frères qui sont ici ce matin ;* ***l'amour divin est intervenu, l'amour parfait a enlevé toute peur.*** *Et il s'est arrêté. Il semblait être très épuisé; il a regardé dans les deux directions, il s'est retourné, et il est rentré se coucher sous l'arbre. Je suis passé presque à un mètre de lui, et j'ai traversé le champ en toute sécurité*
>
> ***Il vint sur le chemin du nécessiteux pour l'ôter du chemin du Mal, du danger et de l'égarement :***

LE SALUT VIENT DE DU VERBE SAUVER : délivrer quelqu'un et *lui accorder une Vie Meilleur dans ce siècle Présent et dans le Siècles à venir.*

Sauver : découle de 2 mots qui sont les suivants :

Sauver : un *Seau* qui a la forme d'un V contenant le *Sceau de Dieu.*

Or le V constitue la Protection selon sa Forme, il est aussi la Victoire, le Jour V : Jour de Victoire au calvaire.

Dans le V, on a : *Voie-Vérité-Vie*

Du cours quelqu'un qui a reçu le Salut, doit avoir une Vie qui manifeste et qui Contient :

- ***Le 7ème Sceau comme un Seau en V***
- ***La Victoire, le V comme le Jour V pour les Combats***
- ***La Voie, la Vérité et la Vie (les 3 V) pour la Persévérance.***

3S + 3V = Amour

3 S= Sauveur, Seigneur en Serviteur

3 V= Voix - Vérité - Vie

Or en ce temps de la Fin, il Vient sur les Nuées de Gloire comme un Voleur dans la Nuit noir de l'Age de Laodicée :

Par conséquent, on aura : 3S = 3V

3V+3V= Amour on aura 3(V+V) = Amour

3*2(V)= Amour

V= Amour/6

Amour = *Vie Zoé* qui règne sur l'*Humanité* (6) toute entière. En voilà, la Mathématique de l'Essence de son Omniscience.

Le chemin de l'amour à travers son regard est un Guide.

UN GUIDE   JEFFERSONVILLE IN USA   Dim 14.10.62S

30. Le guide comprend les choses, il sait comment procéder et ce qu'il faut faire. Dieu, dans... Dieu a toujours envoyé un guide à Son peuple. Dieu n'a jamais manqué de le faire. ***Il envoie un guide, mais il vous faut suivre la conduite du guide****. Voyez ? Il vous faut croire cela.* ***Il vous faut prendre la direction qu'il vous indique****. Si vous allez dans une région sauvage, et que votre guide dise : «Nous prendrons cette direction-ci », mais vous, cependant, vous pensez que c'est cette direction-là qu'il faut prendre, vous allez vous égarer. Alors, quand vous... Dieu nous envoie un guide pour nous guider, il nous faut suivre ce guide. Peu importe ce que nous pensons, ce qui semble raisonnable et ce qui semble ridicule, nous ne sommes pas à même d'en juger ; ça, c'est l'affaire du guide et de lui seul.*

L'EXPECTATIVE NEW YORK NY USA Mer 05.04.50

53. ***Il guide le poisson dans des eaux sans chemin, des oiseaux dans l'air sans chemin****. Oh ! la la !* ***Il peut guider Son peuple, si seulement vous Le laissez faire****. Nous sommes conduits par l'Esprit de Dieu. Nous sommes ici, nous attendant à ce que Dieu fasse quelque chose ce soir. Et je crois qu'Il est ici maintenant pour faire quelque chose en ce moment-ci, guérir les malades.*

Père, nous Te remercions pour ***Ton Esprit et Ton amour. Je m'attends ce soir, Père, à Te voir Te mouvoir sur les coeurs des gens et leur faire voir Ton divin programme, conduire les gens que Tu as appelés en ce jour-ci****. Et je crois, Père, que Tu vas faire s'accomplir ce soir ce que Tu m'as révélé, que plusieurs malades vont être guéris ce soir. Accorde-le, Père. Exauce la prière de Ton humble serviteur. Car je le demande au Nom de Jésus. Amen.*

Son amour a fait des Fils Dons qui sont des Guides Connaissant le Chemin, car ils naviguent selon la Lumière de la 7ème et Dernière Etoile.

UN GUIDE JEFFERSONVILLE IN USA Dim 14.10.62S

14. ***Or, un guide doit connaître le chemin****.* ***Il doit savoir où il va et ce qu'il fait, et comment prendre soin de vous sur la route****. Voyez ?* ***Il doit veiller à ce que vous ne vous égariez***

> ***pas. <u>Un guide, c'est un homme qui a été sélectionné</u>.*** *C'est l'Etat qui sélectionne cet homme-là, s'il est un guide. Et maintenant, quand vous partez en excursion dans une région sauvage, où vous n'avez peut-être pas l'habitude d'aller, il n'est pas bon que vous partiez sans en avoir un. Franchement, il y a des endroits où on ne peut même pas aller sans en avoir un ; par exemple, au Canada.* ***Le–le guide doit signer votre permis****, c'est pour le garde-chasse.* ***Il doit s'inscrire, et vous êtes sous sa responsabilité. S'il vous arrive quoi que ce soit, il en est responsable. Il doit prendre soin de vous. Il doit veiller à ce que vous ne vous égariez pas. Il doit s'assurer de ne pas vous envoyer quelque part d'où vous ne saurez pas revenir.*** *Et s'il arrivait que vous vous égariez, il doit connaître la région tellement bien qu'il pourra aller vous chercher n'importe quand. Voyez ? Il doit connaître toutes ces choses, sinon il ne peut pas être un guide ; il ne peut pas obtenir un permis de guide.*

Et c'est ce qui est un Fils Don, que Dieu a fait à la Terre et à ses Habitants. C'est ce qui fait son Amour en tant qu'Essence de sa Personne et le Jeune Homme riche a refusé un tel Don et l'Enfer et le Séjour des morts et la Mort l'Ont recueilli dans leur Civilisation.

Quel malheur ! Quel gâchis !

L'amour est l'Arme la plus Puissante et l'être le plus simple, que personne ne pourrait accepter dans sa Valeur Intrinsèque.

C'est pourquoi en ces derniers Temps, Dieu pour se révéler à l'Humanité, il se cache dans la Simplicité et dans l'Innocence, Pourquoi ?

Parce qu'Il ne vient toujours pas de Manière à frapper les regards et le Mystère de sa Seconde venue est Grand. Tout ce qui est élevé en Christ, le Père, peut être rabaissé dans la Forme la Plus simple.

> ***<u>Mais celui qui a été abaissé pour un peu de temps au-dessous des anges</u>****<u>, Jésus, nous le voyons couronné de gloire et d'honneur à cause de la mort qu'il a soufferte</u>, <u>afin que, par la grâce de Dieu, il souffrît la mort pour tous</u>.*

> *Il convenait, en effet, que celui pour qui et par qui sont toutes choses, et qui voulait conduire à la gloire beaucoup de fils, élevât à la perfection par les souffrances le Prince de leur salut.*

Hébreux 2.9-10

Un regard de ta part seigneur calmera toutes mes angoisses :

La Puissance du regard,

Derrière le regard ; il y a l'expression du Cœur, la pensée du cœur.

Le regard évoque :

- ✓ *la considération de l'entité supérieure envers l'entité inferieur,*
- ✓ *le regard appelle, le regard parle*

Mais pourquoi le méchant méprise-t-il l'Eternel ?

Une génération méchante, adultère, perverse cherche des signes…

Mais pour les élus, Un regard de ta part seigneur calmera toutes nos angoisses.

> *Pourquoi le méchant méprise-t-il Dieu? Pourquoi dit-il en son coeur: Tu ne punis pas?*
>
> ***Tu regardes cependant**, car **tu vois la peine et la souffrance, Pour prendre en main leur cause; C'est à toi que s'abandonne le malheureux,** C'est toi qui viens en aide à l'orphelin.*

Psaumes 10.13-14

Le DON est la Valeur Ultime de l'Amour :

Il n'y a pas plus grand amour que de donner sa vie pour ses amis.

Quand le père vous a aimé, il vous fait le Don de 2 choses :

1. *Un Fils*
2. *Une Terre*

Les Voies de l'Amour, il n'en a que 2 :

1. *Recevoir le ''Ecoute-le'' d'un Fils Don.*
2. *Recevoir le ''Viens et suis-moi'' d'un Fils Don.*

Manquez ces 2 choses c'est aller à sa Propre Perte.

Il n'y a pas, plus grand amour que de donner sa vie pour ses amis. Le fils devient votre ami mais le père demeure le père de Tous. *La demeure du Père se trouve dans le Fils.*

- *Vous êtes mes amis, si vous faites ce que je vous commande.*

Selon le Principe établit par la Divinité Suprême, il est démontré qu'à chaque fois que le Suprême envoie le porteur de sa Parole (l'Imprime), il s'incarne en lui et le porteur devient un Modèle et la Voie par Obligation pour le Salut des Nécessiteux, cependant les Habitants de la Terre sont libre de le recevoir ou de le rejeter.

Comme le Père m'a aimé, je vous ai aussi aimés. Demeurez dans mon amour.

Demeurer dans l'Amour du Fils, car c'est lui le Don de Délivrance. Les fils Don n'ont jamais été agrées et bien vu aux yeux du peuple. Un Professeur peut ne pas plaire aux étudiant cependant tout ce qui est en lui comme connaissance donnée ou restituée, est ce qui permettra à l'étudiant d'acquérir la Connaissance et de devenir meilleur s'il veut apprendre de lui, ce qui implique, automatiquement : *la Loi de L'Autorité.*

La Loi de l'Autorité déclare que celui qui connaitre plus que l'autre devient son Maitre, son Autorité :

… Seigneur tu sais toutes choses ; a qui irons-nous…

Si vous gardez mes commandements, vous demeurerez dans mon amour, de même que j'ai gardé les commandements de mon Père, et que je demeure dans son amour.

Je vous ai dit ces choses, afin que ma joie soit en vous, et que votre joie soit parfaite.

Ainsi sera toujours les paroles d'un Fils Don, Ecoutez-le. C'est l'instruction que donne le père aux Habitants de la Terre.

Tout votre Bonheur et votre part d'Héritage est entre les mains du Fils Don :

- ✓ Quant au Salut et à la Prédestination, le Père l'a déjà fait dans l'Eternité, mais dans le Temps, c'est le Fils qui accomplit cette Œuvre :

Votre Position dans l'Eglise Local, revient au Fils Don de faire votre Choix :

- ✓ *Il Vous Choisi*
- ✓ *Il vous Etabli*

Car l'Institution Epouse-Eglise a reçu la Puissance de la Transformation pour la Délivrance des Humains.

Il n'en a pas autre.

Le but est que vous portez du fruit et que le fruit demeure toujours.

Afin Que votre Demande parvienne au père

En rapport avec le ministère du Fils.
Comme le Père m'a aimé, je vous ai aussi aimés.
Demeurez dans mon amour.
La Demeure de l'Amour est dans l'Amour, c'est pourquoi personne ne peut prétendre aimer son Fiancé ou sa Fiancée et après Célébration du Mariage, chacun décide librement de vivre loin de l'autre. Sachez que ceci n'a jamais été l'amour, c'est une perversion.

La Perversion mine toujours le Domaine des jeunes, c'est pourquoi Généralement le père appelle ces Adorateurs, soit à **17 ans ou à 21 ans** pour ne pas que la Corruption les atteigne comme une ruine soudaine.

Nous allons souffler un peu avec l'Influence des Nombres dans nos Vie et plus précisément les Nombres **10,17 et 21** car le Père Divin est Infini et Indéfini, par Conséquent, il est

- ✓ *Omniscient*
- ✓ *Omnipotent*
- ✓ *Omniprésent*

C'est qui fait de lui l'OMNISCIENTIFIQUE

Le jeune homme et la Femme Adulte

Le Jeune homme riche face à l'amour du Fils

Démas aussi avait abandonné Paul par amour pour les choses de la vie pour le siècle Présent.

L'Amour du Père pour ces Fils consiste à :

- ✓ *A se faire Connaitre lui le père,*
- ✓ *Faire Connaitre sa Volonté et ses Pensées dans la Saison ou nous vivons*
- ✓ *Faire Connaitre son nom et le Nombre de son Nom*

Cependant c'est le Fils Don qui les Révèle toujours à ces autres Frère. Levi était choisi pour révéler la Volonté du Père pour les autres Tribus d'Israël.

<u>Romain 13 :10</u>

L'amour ne fait point de mal au prochain: l'amour est donc l'accomplissement de la loi.

- ❖ 13 est le nombre de la Femme, et la Femme c'est aussi le Type de l'Eglise et tout ce que le Christ est, il l'a déversé dans l'Eglise Epouse, c'est pourquoi, il dit que les Maris aiment leur Epouse comme Christ à aimer l'Eglise.

10 est l'essence de l'amour, soit vous gravitez autour de la Mort ou au tour de la Vie.

L'Amour ne fait pas le Mal, l'amour est l'Accomplissement de la Loi.

La Loi, quelle Loi ? Loi Unique, par cette Loi tout se manifeste, tout existe et tout s'accompli.

Ce mystère est Grand :

Cette LOI UNIQUE PAR LAQUELLE TOUT se fait est l'AMOUR et elle Porte de Nombreuses Lois-Principe en elle qui sont :

- ✓ *La Simplicité*
- ✓ *La Joie*
- ✓ *La Miséricorde*
- ✓ *La Compréhension*
- ✓ *la paix,*
- ✓ *la patience,*
- ✓ *la bonté,*
- ✓ *la bénignité,*
- ✓ *la fidélité,*
- ✓ *la douceur,*
- ✓ *la tempérance;*
- ✓ *la Vérité*

L'Amour Surpasse toute connaissance et l'Eprit de Dieu ne contient que 3 grands Fondements Fondamentaux :

- ✓ *La Puissance*
- ✓ *L'Amour*
- ✓ *La Sagesse* (Compréhension, Science...)

> ***L'AMOUR DE DIEU :***
>
> *MONTRE-NOUS LE PERE ET CELA NOUS SUFFIT CONNERSVILLE IN USA Jeu 11.06.53*
>
> *79. Mais alors, quand je vois... quand la pauvre petite Ève a regardé Adam en face, elle a reconnu que c'est elle qui était à la base de la chute de la race humaine, elle a lancé ses bras autour de lui. Adam n'avait pas été séduit, dit la Bible.*

Il s'était éloigné, tous les deux yeux ouverts. C'est Ève qui avait été séduite.

Il s'est donc avancé. Il a vu qu'il n'était pas séduit. Sa femme s'est donc retournée, il a passé ses bras autour d'elle. Et écoutez. Je peux les entendre, alors qu'ils se mettent en route pour partir : Clap, clap. Qu'est-ce ? Des peaux de brebis ensanglantées leur frottaient les jambes.

Dieu, tout l'univers, je peux voir cela commencer à descendre comme un entonnoir, descendre jusqu'à se réduire à une petite chose de quatre lettres : L-o-v-e [Amour]. Il ne pouvait simplement pas les voir. Il les aimait tellement qu'Il ne pouvait pas les voir partir. Il a dit qu'Il mettrait inimitié entre sa postérité et la postérité du serpent. Et ce même bruit de ces peaux de brebis, si ensanglantées, frottant Ève et Adam alors qu'ils quittaient le jardin d'Eden ; ce même Sang de Fils de Dieu se frottait contre Ses jambes alors qu'Il montait là au Calvaire, avec nos péchés sur Lui, et Son sang coulait de Son corps pendant qu'Il montait là au Calvaire. Croyez-vous cela ? Dieu était dans Son Fils. Il était Dieu...

QUAND ON SE DETOURNE DU CHEMIN DE L'AMOUR

Conséquence :

Mais malheur à vous, pharisiens! parce que vous payez la dîme de la menthe, de la rue, et de toutes les herbes, et que vous négligez la Justice et l'Amour de Dieu: c'est là ce qu'il fallait pratiquer, sans omettre les autres choses.

Luc 11.42

LE SON CONFUS JEFFERSONVILLE IN USA Dim 31.07.55

96. Et puis, à l'heure de sa mort, lorsqu'elle arrive à l'article de la mort, elle est étendue sur le lit. **Et tout d'un coup, elle se réveille et se met à hurler : « Oh ! mon Dieu ! Je suis perdue !** *»*

LE SON CONFUS JEFFERSONVILLE IN USA Dim 31.07.55

97. ***Le pasteur dira : « Donnez-lui une piqûre. Elle délire. »*** *Et on lui injectera une piqûre. Et elle essayera de parler. Elle n'arrivera plus à parler. Elle va murmurer. Qu'est-ce ? Son âme l'a rattrapée, avant la mort. Ce n'est pas seulement les femmes, mais les hommes aussi,* ***qui ont rejeté l'amour de Jésus-Christ, qui L'ont rejeté, qui s'En sont moqués****.*

LE SON CONFUS JEFFERSONVILLE IN USA Dim 31.07.55

98. ***Cela vous rattrapera un jour, aussi sûr que je me tiens ici ce matin. Vous avez tellement attristé cela que vous ne sentez plus cela. Mais cela vous attrapera un jour. Cela reviendra complètement sur vous****, ces choses sales, ces choses mauvaises, les commérages, les bavardages, les médisances, l'égoïsme, et toutes ces choses que vous avez faites. Tout cela vous reviendra un jour, pendant que vous serez couché sur votre lit de mort.*

LE SON CONFUS JEFFERSONVILLE IN USA Dim 31.07.55

99. ***L'aiguille de la seringue dans ces derniers jours a arrêté la confession sur le lit de morts des milliers de gens. « Donnez-lui une piqûre. Engourdissez-le. »*** *Il essaie de parler. Qu'est-ce ? Son âme l'a rattrapé ici.*

Les Habitant de la Terre vers qui se dirige l'Amour, ils ne l'ont jamais accepté, ils préfèreront chercher des failles dans cet amour que de vivre pour cet amour mais seule la Nature et le reste de la création qui l'ont reçu.

Et ce que peut tuer l'Amour, c'est le chagrin et ce chagrin vient toujours probablement de tes êtres les plus proches que tu aurais tant aimé, mais qui t'on Livré entre les mains de l'Incrédulité au profit de leurs désirs égoïstes et leur méchanceté.

C'est pourquoi je dis la seule chose qui pouvait tuer cet Amour Divin était le chagrin. Les fouets, les clous, la souffrance n'ont pas pu Anéanti ce grand amour sur la Croix du Calvaire.

C'est pourquoi étant sur la Croix, il a pu prononcer 7 grandes Paroles et il a même accordé le Salut à un Indigne.

Me diriez-vous qu'il était mort de quoi ?

Oh le Chagrin seul pouvait le tuer, le fils Unique et ayant rependu son Esprit dans ses Vêtement en montant après sa résurrection, eux aussi porteront cette Souffrance, mais eux ne mourront pas de chagrin.

Ooh voici le Chagrin qui l'emporta, les gens qu'il avait délivré, nourri hébergé:

> VIVANT, MOURANT, ENSEVELI, RESSUSCITANT, REVENANT LOS ANGELES CA USA Ven 03.04.59
>
> 20. **L'amour qu'Il avait, comment Il l'a exprimé, comment Il a dû devenir ce qu'Il était afin de mourir pour nous sauver par Sa mort**, lorsqu'Il est mort au Calvaire, il n'y a jamais eu de mort semblable à cette mort-là. Il nous est rapporté que lorsque le soldat romain a percé Son côté, de l'eau et du sang en sont sortis.
>
> **Et une fois, j'avais demandé à un chimiste ce qui s'était produit lorsque cela… Et cet homme, qui était un chrétien, m'a dit : « Ce n'était pas… Jésus n'était pas mort de suite de la lance qui avait touché ou plutôt percé Son côté. Jésus, a-t-il dit, était mort bien longtemps avant cela. *Mais Il était mort de chagrin.*** L'épée ne L'avait jamais tué, ni ce–ni le fait d'enfoncer ces clous. **Mais c'est le chagrin qui L'avait tué**. ***Lorsqu'Il a regardé ceux-là qu'Il avait aimés, ceux sur qui Il avait accompli Ses miracles, ceux envers qui Il avait manifesté Son amour, et à qui Il avait donné à manger, et de voir que les mêmes gens L'avaient rejeté. »***

Vous et moi, nous pouvons être attristés. Nous pouvons être attristés. Mais nous ne pourrions jamais être attristés à ce point-là, parce que nous ne sommes pas constitués du même genre de matériaux pour éprouver autant de chagrin.

VIVANT, MOURANT, ENSEVELI, RESSUSCITANT, REVENANT LOS ANGELES CA USA Ven 03.04.59

21. **Car la plénitude de Dieu habitait en Lui. En Lui habite corporellement la plénitude de la divinité. *Dieu exprimait Son amour au travers de la chair humaine, le tabernacle dans lequel Il vivait, dans Son propre Fils, ce qu'Il pensait au sujet du monde.***

Le voilà qui était suspendu là sur la croix du Calvaire, ce n'est pas comme vous Le voyez là sur un crucifix avec une petite étoffe autour de Ses reins. ***On L'avait dévêtu et laissé nu.*** On L'avait embarrassé de toutes les manières possibles, et on L'avait suspendu là au Calvaire. ***Et Il était déshonoré, méprisé, rejeté, et on avait craché sur Lui. Et Il était suspendu là, mourant, le Dieu d'éternité, Celui qui avait fait [le bois de] la croix sur laquelle Il était pendu.*** Ce n'est pas étonnant que les rochers se soient détachés des montagnes. Les rochers se sont détachés parce que le Rocher des âges était élevé. Ce n'est pas étonnant que le poète ait dit : Au milieu des rochers fendus et des cieux obscurcis, Mon Sauveur baissa la tête et mourut. Le voile ouvert révéla le chemin Vers les joies du Ciel et un jour sans fin.

Qu'est-ce que cela a fait lorsqu'Il est mort là comme cela ? Cela a ouvert le voile. Cela nous a permis de voir au-delà du rideau du temps, et cela nous a permis de voir un–un espoir là.

Oh ce n'est pas hasardeux que le Footballeur Argentin appelé Leonel Messie puisse porter le nombre 10 (N°10), composé de 1 et de 0 et s'il ne se repend pas, sa fin serait comme celui du jeune homme riche. Et le zéro (0) va l'emporter au royaume des ténèbres. La Richesse sans le prince de Vie ne représente que le chiffre 9 car dans la **Mathématique avancée, le 9 = 0 car lorsque que vous additionnez**

un 1 chiffre quelconque avec 9, la réduction Théosophique de cette addition revient égale au chiffre addition avec le 9 :

4+9 = 13 et 13 = 1+3 = 4

- ❖ Repentez-vous habitant de la terre, car la fin est à votre porte de même que la Russie écrira le non des USA sur la bombe nucléaire pour mettre fin à leur hégémonie.

Le nombre du Messie Roi est le 10, et le monde profane n'a fait que reconnaitre cela à travers leur Messie Footballeur.

Et à la croix, le 1 s'est éteint à cause du rejet par son propre peuple vers qui il a été envoyé et le 0 ne pouvait rien faire d'autre que d'obéit à la loi de la mort, le péché. Les Nombres et leur influence.

Oh Gloire !

Oh le Juste Tombe 7 fois et il se relève aussi mais celui qui a été éclairer une fois, qui a gouté le royaume des Cieux et qui s'est égaré par sa propre convoitise, il serait très difficile pour cette Personne de revenir, c'est pourquoi Saint Paul dit : il n'y a plus de Sacrifice pour une telle Personne.

Le chemin de ce regard d'amour n'est rien d'autre la préparation d'un avenir radieux, plein d'espoir et des jours sans fin :

- ✓ Les Joies du Ciel
- ✓ Les Jours sans Fin
- ✓ au-delà du rideau du temps
- ✓ l'Espoir

Et cependant cette Humanité, ces Habitants de la Terre le rejettent.

Oh quelle Consolation pour l'Epouse !

En voici votre V= Amour/6 : celui qui règne sur l'Humanité entière par l'Essence Suprême.

EXPOSÉ DES SEPT ÂGES DE L'ÉGLISE.
L'ÂGE DE L'ÉGLISE DE LAODICÉE. PAGE 354

354-1 *Examinons la première phrase: « ...tous ceux que J'aime.» Dans le texte grec, l'accent est mis sur le pronom personnel «Je». Il ne dit pas, comme beaucoup pensent qu'il devrait dire, « ...tous ceux qui M'aiment, MOI. » Non, monsieur! N'essayons jamais de faire de Jésus L'OBJET de l'amour humain dans ce verset. Non! Il s'agit de TOUS CEUX qui sont les BIEN-AIMÉS de Dieu.* ***C'est de SON amour qu'il est question, PAS du nôtre****. Donc nous voyons de nouveau que nous nous glorifions de Son salut, de Son dessein, de Son plan, et* ***nous sommes encore plus affermis dans la vérité de la doctrine de la Souveraineté de Dieu****. Comme Il l'a dit dans Romains 9.13: «J'ai aimé Jacob ». Faut-il en déduire que, puisqu'Il n'a aimé QUE TOUS CEUX..., Il est par conséquent satisfait, et* ***qu'il attend l'amour de ceux qui ne se sont pas approchés de Lui?*** *Absolument pas! car Il a aussi dit dans Romains 9.13: «J'ai haï Ésaü. » Et au verset 11, l'Esprit dit carrément: « ...car, les enfants n'étaient pas encore nés et ils n'avaient fait ni bien ni mal,* ***(AFIN QUE LE DESSEIN D'ÉLECTION DE DIEU SUBSISTE, sans dépendre des oeuvres, et par la seule volonté de Celui qui appelle) ». Cet amour est l'«amour électif».*** *C'est Son amour pour Ses élus.* ***Et Son amour pour eux ne dépend pas des MÉRITES HUMAINS, car il est dit que le dessein de Dieu subsiste par l'élection****, c'est-à- dire exactement le contraire des oeuvres ou de quoi que ce soit que l'homme ait en lui-même. C'est qu'«AVANT QUE LES ENFANTS SOIENT NÉS» Il avait déjà dit: «J'ai aimé Jacob, mais J'ai haï Ésaü.»*

Série 3 : Recommandation-Intelligence-Sagesse Divine

> ***Si Pharaon a vu le songe se répéter une seconde fois, c'est que la chose est arrêtée de la part de Dieu**, et que **Dieu se hâtera de l'exécuter.***
>
> *Maintenant, **que Pharaon choisisse un homme intelligent et sage**, et qu'il le mette à la tête du pays d'Égypte.*
>
> *Genèse 41.32-33*
>
> *Ces paroles plurent à Pharaon et à tous ses serviteurs.*
>
> *Et Pharaon dit à ses serviteurs: **Trouverions-nous un homme comme celui-ci, ayant en lui l'esprit de Dieu?***
>
> ***Et Pharaon dit à Joseph: Puisque Dieu t'a fait connaître toutes ces choses, il n'y a personne qui soit aussi intelligent et aussi sage que toi.***
>
> *Genèse 41.37-39*
>
> *Quand je n'étais qu'une masse informe, tes yeux me voyaient; Et sur ton livre étaient tous inscrits Les jours qui m'étaient destinés, Avant qu'aucun d'eux existât.*

Psaumes 139.16

Il nous incombe ici de revoir cette notion de la Sagesse et Intelligence car nombreux en parlent et les différentes issues mènent à une quête perpétuelle de la notion profondes des choses cachées qui dépassent la capacité Humaine. Vu que certains attribuent ces dites capacités à des êtres extraterrestres et ou à des Divinités quelconques. Notons aussi qu'une remarque très importe m'a été apporté par l'**Univers Green**, les merveilles de la natures. Après une observation interminable de la Nature, j'ai aussi trouvé ces Miracles qui régissent cette Vie Botanique sans même pouvoir les trouvés dans l'homme, qui pense être plus Intelligent.

Devons-nous accorder raison à Pharaon ?

Joseph est-il susceptible de nous donner la vraie version de cela ?

Tous sont-ils nés avec cela ? Les hommes de ce monde ont-ils été plus Sages que l'Univers Green ?

Qui en est le maitre ? Ou est-ce un être ?

Les questionnements semblent être infinis.

Comme nous ont toujours répété les maitres, la Sagesse et l'intelligence sont différentes et l'intelligence sera la capacité de pouvoir résoudre un problème. Dit Albert Einstein : le Sagesse évite le problème mais l'intelligent le résout.

Je dirai bien l'intelligence demeure le Contenu et la sagesse en est le contenant. Les deux sont Indissociables. La langue et les dents sont inséparables, sans l'autre, l'un serait inefficace. La sagesse est une notion large, plutôt imprécise, qui fait appel à des aspects à la fois théoriques et pratiques.

Alors remontons voir un peu les différentes approches sur le sujet en question :

Pour certains, je cite :

Dans sa dimension abstraite, la sagesse est la recherche du vrai, du bien et du juste. Mais cette définition est largement insuffisante ; en effet, la sagesse est aussi et surtout un **état d'esprit**, un **savoir-être** et un **savoir-vivre**. Elle est au cœur des grands courants religieux et spirituels de l'humanité, certainement parce qu'elle possède une dimension supérieure, **sacrée.** Fin de citation

Notons qu'il y a dans la sagesse une dimension de Maîtrise, de Calme et de **Sérénité**, c'est une Vie vécue. Cela lance l'individu dans un état d'Eveil au sens le plus spirituel du terme, qui ayant renoncé à son ego, dont l'être Suprême et Divin lui confèrerait sa Science afin d'accéder aux mystères du Multivers et de l'univers, et maitriser les Lois fondamentales et Principes.

Sachez bien que je ne parle pas de religion bien vrai que certains pourrait mal me cerner. La Science la plus élevée demeure l'Omniscience qui traites des phénomènes Divins, Spirituels et Naturels. Elle échafaude entre 3 Ordres liant 3 lois Fondamentales aussi.

J'accorderai le bénéfice du toute à Pharaon et la vérité à Joseph vue l'Egypte antique fut le berceau de la science mondiale.

La sagesse se définit dans la Connaissance de générale et dans la connaissance profonde de soi. Elle se lie à l'essence de la Compréhension. Voilà son but suprême.

La Pensée de **Maurice Barrès me conviendrai aussi, il dit :** *La sagesse est de maintenir ses yeux largement ouverts sur l'univers pour en savoir les lois et la loi ; c'est encore de se détacher de la terre et du corps et de se rapprocher de la Toute-Puissance.*

Eh bien, la Notion de toute Puissance me réjouit ici. Et si on faisait un peu l'anatomie de cette Citation ? Procédons-y alors !

La Notion de :

- ✓ La Loi
- ✓ Les LOIS
- ✓ Toute Puissance
- ✓ Détachement du Corps, de la Terre : la Matière

Je rentre en extase d'ici peu, veuillez m'excusez.
Si nous nous lions à la Toute Puissance pour propulser plus loin cette Fusée, je crois que nous arriverons aux pieds du Grand Créateur, le Christ. Tout n'est que Dimension et non de distance.
Si nous faisons appel à Joseph (Yosef) et Pharaon, nous pourrions faire apparaitre la Notion de … pour pouvoir chevaucher ce sujet.

La Notion de :
Foi-Spiritualité et Divinité-Mysticisme.
Revenons un peu à l'approche que donnent mes compatriotes, je cite :

- la **spiritualité** est une recherche,

- la **foi** est une croyance ferme,
- la **mystique** est une expérience qui peut aller jusqu'à l'extase et à la rencontre avec Dieu.

Ses ingrédients ne sont pas si aigres pour notre Salade mais j'aimerais en rajouter aussi pour vous procurer un plat Complet :

La **spiritualité** est aussi un Etat d'être, qui concentre toute la Force Potentielle. C'est ce qui est le Mal comme le bien pour finir qui domicile dans la Matière pour exprimer leur impacte Physique. Tout Spirituel, ou Divin sait que les grandes décisions se prennent dans le Monde Spirituel avant d'avoir leur exécution ici-bas. C'est cela l'Etat du Mal ou Malin, Lucifer. J'approuve en partie cette idée qui déclare qu'elle est une recherche aussi.

Toute croyance n'est pas la **foi** mais posséder la Foi peut faire croire. La Foi est un Etre ou un sens comme le sont les 5 sens de l'esprit et les 5 sens du corps. Et elle est active par celui qui l'a donné. Elle est contrôlée par le donateur

Elle aussi est un Don, une Révélation.

La Sagesse englobe en elle : l'Esprit supérieur, l'Amour et la puissance.

Alors souffrez de comprendre que Joseph a eu pour arrière Grand Père Abraham et pour Père Yacov (Jacob). Ces deux parents étaient en perpétuel communion avec leur Dieu qui se révélait à eux dont ils ont communiqué à Joseph. Joseph étant devenu grand dans un pays étranger, ne s'est jamais détourné de ce grand, Dieu la raison en est que lorsqu'il s'était retrouvé dans les Bras de la Femme de Pharaon, il s'est enfui pour ne pas pécher contre son maitre. Et c'est ce même Dieu qui lui donna cette Sagesse et Intelligence pour résoudre les problèmes de tout un pays.

Pharaon dit : ***Trouverions-nous un homme comme celui-ci, ayant en lui l'esprit de Dieu?***

Et Pharaon dit à Joseph: Puisque Dieu t'a fait connaître toutes ces choses, il n'y a personne qui soit aussi intelligent et aussi sage que toi.

Sachez que cette Egypte n'était seulement un pays sans Spiritualité, ils connaissaient aussi le Dieu Créateur dont Ils appelaient affectueusement AMON.

Même si plutard ils ont voulu évoluer en pensant qu'ils avaient tous les mystère cachés des lois, des Nombres et des Principes, on a vu les résultât que ça a donné avec le départ d'Israël sous la conduite de Moïse. Ils avaient la sagesse et la science et cependant cela n'avait pas pu les aider à voir et proposer des solutions pour les choses à venir.

La Sagesse demeure le chemin vers l'Eveil comme le disait quelqu'un.

Selon Josephh : ***Si Pharaon a vu le songe se répéter une seconde fois, c'est que la chose est arrêtée de la part de Dieu****, et que* ***Dieu se hâtera de l'exécuter.***

Maintenant, ***que Pharaon choisisse un homme intelligent et sage****, et qu'il le mette à la tête du pays d'Égypte.*

Genèse 41.32-33

La sagesse et l'intelligence sont liées et émane de l'être suprême ; celui de la Divinité Suprême. Et il dit ici lorsqu'un évènement se fait voir dans la 4ème Dimension et se répète, c'est son accomplissement n'est pas loin et que cela est arrêté par l'Eternel, Christ le Père.

Et ceci demande un homme Intelligent et Sage pour gérer les choses.

La Recommandation est qu'aussi longtemps qu'aucun ne cherche et ne se soumet à la Divinité Suprême, la probabilité pour qu'il reçoive et comprenne les choses cachés est 0.

C'est avec cet Etre Suprême et son aide que nous navigueront avec le décodage des Nombres ApocalypTIC.

La Sagesse Humaine n'est que folie, sa connaissance n'est que destruction, ou ira-t-il avec ?

La sagesse demeure le don le plus grand dans le plan Divin, ensuite vient en 2ème la Connaissance.

Souffrez que je vous emporte dans l'extase, le compteur est lancé :

Le ProphéTIC William Marrion Branham nous eclaire un peu ici

Que celui qui a de la Sagesse et de l'Intelligence CALCULE le nombre de la bête !

> COUTEZ-LE INDIANAPOLIS IN USA Lun 11.06.56
>
> 35.L'amour, l'amour de Dieu, il prendra la place de parler en langues, et c'est vrai. Il prendra la place des dons, des prodiges, des signes, et tout le reste. Si vous n'avez pas l'amour pour qu'il accompagne cela, à quoi vous serviront les signes ? Dieu a essayé d'accomplir cela à travers la nation, mais cela n'a pas marché. **Le don le plus grand de tous, c'est la sagesse ; le deuxième, c'est la connaissance. Si vous n'avez pas de connaissance, vous n'avez pas de sagesse, comment pouvez–contrôler votre sagesse, à quoi vous servira votre connaissance ?** Voyez-vous ce que je veux dire ? Cherchez d'abord les premières choses. Nous avons cherché les dons ; nous avons cherché ceci ; nous avons cherché cela, parce que le surnaturel a été accompli. Mais, frère, ne cherchez pas les dons ; ne recherchez pas la faveur d'une dénomination ; cherchez l'amour de Dieu. Cherchez ça, frères.

Proverbes 1.7

<u>La crainte de l'Éternel est le commencement de la science; Les insensés méprisent la sagesse et l'instruction</u>

L'Humain qui craint le Divin, commencera toujours à acquérir la Science *:*

Car en acceptant la Science de l'Omniscient, le Salut se Construire *Parce que Dans sa Science, il se trouve :*

- ✓ *La Sagesse*
- ✓ *L'Instruction*
- ✓ *L'Education*
- ✓ *Vision*

Qui sont apportés par l'Ange Gabriel afin d'Ouvrir l'Intelligence et c'est cela qui sauve, c'est pourquoi :

Soyez tous transformés par le Renouvellement de Votre Intelligence. C'est ici une autre Recommandation

La Science de l'Omniscientifique est Omniscience et elle Contient la Vie :

- ✓ *L'Amour*
- ✓ *La Sagesse*
- ✓ *L'Instruction*
- ✓ *L'Education*
- ✓ *L'Intelligence, non pas l'Intelligence artificielle*
- ✓ *La Force*
- ✓ *La Connaissance*

Et l'Omniscience est la Science des Saints. C'est Cela leur l'Intelligence.

Par conséquent conclure que ceux qui adorent le Seigneur et sauveur Jésus-Christ ne doivent se réduire qu'au sort de l'Abrutissement et de l'Ignorance, n'est que le raisonnement du Diable car selon le Programme de Christ, seul les Sages, seul les Intelligents Enseigneront la Multitude, ils Règneront et Gouverneront.

Si les églises ont toutes échoué en matière de l'Intelligence qui est le fondement des Saints, c'est parce qu'elles ont opté pour le Rejet des Lois du Seigneur et leur vie de tous les jours le démontrent :

Ils ne Méditent aucune des Lois, ni chaque jour ni non plus chaque nuit : c'est Pourquoi elles sont rétrogradent pourtant elles veulent prospérer, quelle Loi médité-z-vous ?

C'est ici une autre Recommandation : la Médiation des Lois.

Nous sommes dans une ère très scientifique et s'il doit avoir des renommés, c'est au Milieu des saints que la Renommée doit commencer. Malheureusement on y trouve que des Bandes d'Ignares, des croyants Frontaliers, des Sceptiques, des Impatients, des Accros aux besoins du Ventre, c'est pourquoi ils ont pour Dieu leur Ventre.

Et Daniel au milieu des Sorciers, des Magiciens, des Astrologues, des Spirites, des Devins… a démontré qu'il était le Prototype des Saints Intelligents parce qu'il avait vu l'ancien des Jours, mais aujourd'hui, cette Matière de l'Intelligence a presque Totalement disparu.

Pourtant l'Ancien des Jours, la Pierre Faitière descend avec l'arc-en-ciel pour l'alliance définitive parce que nous sommes au temps de rétablissement de toutes choses et le ciel l'a relâché le Christ.

Mais comment l'Eglise serait-elle à la Hauteur d'éduquer et Instruire l'Humanité si elle déclare détenir la Science Divine et pourtant elle nie l'accomplissement de ce ProphéTIC? Tout est Ikabod !

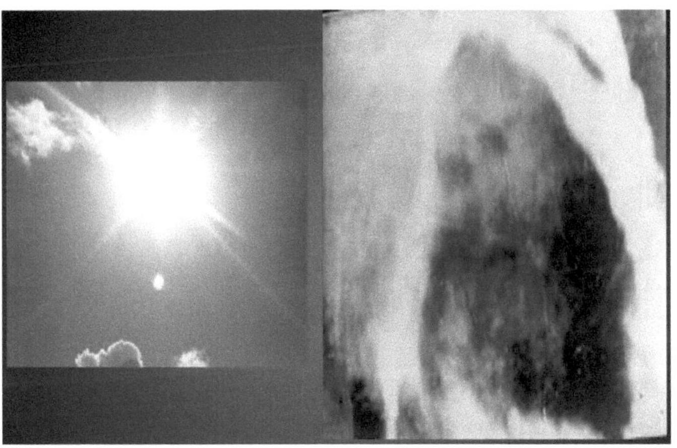

Image 6

Le Dieu tout puissant est :

- ✓ ***Esprit de sagesse*** *et* ***d'intelligence,***
- ✓ ***Esprit de conseil et de force****,*
- ✓ ***Esprit de connaissance*** *et de crainte de l'Éternel.*

C'est pourquoi il choisit un et il le oint de Sagesse et d'intelligence afin d'oindre les autres. Oint pour Oindre.

C'est ici une autre Recommandation, un Oint pour servir les autres.

Si la Sagesse vient de l'Homme, qui est Dieu alors ? il demeure le seul et véritable détenteur de ce DON.

> L'Éternel parla à Moïse, et dit:
> **Sache que j'ai choisi Betsaleel**, fils d'Uri, fils de Hur, de la tribu de Juda.
> **Je l'ai rempli de l'Esprit de Dieu**, **de sagesse, d'intelligence**, et **de savoir pour toutes sortes d'ouvrages,**
> **je l'ai rendu capable de faire** des **inventions**, de **travailler l'or**, l'**argent** et **l'airain,**
> de graver les pierres à enchâsser, de travailler le bois, et d'exécuter toutes sortes d'ouvrages.
> *Exode 31 :1-5*

Un Oint pour Oindre doit avoir et détenir des Capacités au-delà de l'entendement humain :

Il doit être :

- ✓ un Choisi
- ✓ Rempli de l'Esprit de Dieu
- ✓ Rempli de ***de sagesse, d'intelligence***
- ✓ ***Capale de faire** des **inventions***
- ✓ *de **travailler l'or** l'**argent** et **l'airain,***
- ✓ *d'exécuter toutes sortes d'ouvrages.*

Les Plus Grandes Recommandations en ces derniers Temps consiste à :

- Avoir la Connaissance du Mystère de Dieu (le Christ)
- ➢ Avoir la Sagesse pour calculer le Nombre de la Bête, parler un Langage Omniscientifique.
- ✓ Recevoir l'Illumination en thème de Connaissance de la Parole, de la Sagesse, de l'Intelligence

- Connaitre le Trésor qui est réservé à chaque Saint selon l'Intelligence de sa Science.

Donnez-moi la Solution de l'équation du temps de la Fin si vous avez la sagesse et l'intelligence ?

Nous savons que quand l'Omniscientifique rentre en Scène, il n'y a que les Saints qui ont pour Partage cette Intelligence, qui peuvent le voir et le recevoir.

Ceux qui ont *La **crainte de l'Éternel, commence à avoir de la sagesse**; Tous ceux qui **l'observent ont une raison saine**. Sa gloire subsiste à jamais.*

*Le commencement de la sagesse, c'est la crainte de l'Éternel; Et la **science des saints, c'est l'intelligence**.*

Ceux qui auront été intelligents en ces Dernier Temps, brilleront comme la splendeur du ciel, et ils enseigneront la Justice, à la multitude brilleront comme les étoiles, à toujours et à perpétuité.

Je vous avais prévenu que je rentrais en extase et voici maintenant que j'y sors.

Nous aborderons le langage des nombres avec l'aide de l'Omniscient, ceci requière de l'Intelligence et de la sagesse. C'est une recommandation.

.

Série 4 : Valeur Scientifique et Omniscientifique de l'Ame et du Corps

Si Pharaon a vu le songe se répéter une seconde fois, c'est que la chose est arrêtée de la part de Dieu, et que Dieu se hâtera de l'exécuter.

Maintenant, que Pharaon choisisse un ***homme intelligent et sage****, et qu'il le mette à la tête du pays d'Égypte.*

Genèse 41.32-33

Ces paroles plurent à Pharaon et à tous ses serviteurs.

Et Pharaon dit à ses serviteurs: ***Trouverions-nous un homme comme celui-ci, ayant en lui l'esprit de Dieu?***

Et Pharaon dit à Joseph: ***Puisque Dieu t'a fait connaître toutes ces choses, il n'y a personne qui soit aussi intelligent et aussi sage que toi.***

Genèse 41.37-39

Le commencement de la sagesse, c'est la crainte de l'Éternel; Et la science des saints, c'est l'intelligence.

C'est par moi que tes jours se multiplieront, Et que les années de ta vie augmenteront.

Proverbes 9.10-11

Enseigne-nous à bien compter nos jours, Afin que nous appliquions notre coeur à la sagesse.

Psaumes 90.12

Quand je n'étais qu'une masse informe, tes yeux me voyaient; Et sur ton livre étaient tous inscrits Les jours qui m'étaient destinés, Avant qu'aucun d'eux n'existât.

Psaumes 139.16

Dans l'étude précédente, il faut retenir que l'insistance a porté sur la Notion de **l'Intelligence et la Sagesse**, qui est en réalité la **Science des Saints**.

Cette Science des Saints est La Source du Salut, c'est-à-dire la base de la continuité pour la Délivrance, la Science Divine. Et c'est Cette même Science Utilisée en Egypte Antique par Joseph, fils de Jacob qui l'a élevé au-dessus des dieux égyptiens, sachant même que la Science Egyptienne n'a toujours pas trouvé son comparable jusqu'aujourd'hui.

Veuillez noter que la Science Divine n'a rien à avoir avec toutes les autres sciences dont les humains font profession, cette religion qu'on appelle la Science chrétienne n'a rien de la Science Divine non plus.

- ❖ Cette Science Divine, ressort des Saintes Ecritures et elle déclare que les Nombres Sont Parfaits.

Car la seule Mathématique qui soit parfaite, ne peut que provenir de celui qui est Parfait.

La plus grande exigence de ces Temps de la Fin, est de parvenir à la Perfection.

- ✓ Soyez Parfait comme votre Père Céleste est Parfait.
- ✓ Quand le Parfait viendra, le Partiel Disparaitra
- ✓ Christ emmène son peuple à la Perfection.

Cette Science Divine ne s'adresse non plus pas, aux impurs, aux rebelles, aux arrogants… mais plutôt elle s'adresse aux Saints à qui il a été recommandé d'être :

- ✓ *Irréprochable,*
- ✓ *pure,*
- ✓ *saint,*
- ✓ *sans tache,*
- ✓ *ni ride et ni rien de Semblable*

Dans le But de parvenir à la **Pleine Connaissance du Fils de Dieu** et être semblable à lui.

L'Intelligence et la Sagesse sont en réalité la Science des Fils du Divin Suprême : Christ, le Père.

Cette Science inclure dans son Système le domaine d'Application **Métaphysique.**

> ***NB : la Métaphysique est la Science qui étudie les questions fondamentales des Principes Premiers de l'Etre, du Néant, de l'Identité, du Changement, de la Causalité et de la Possibilité.***

Cette Science Divine qui renferme toute autre Science, est l'Omniscience et également est la Préscience qui nous a prédestinés à être ses fils d'Adoption. C'est elle **la Mère de toutes les Science : l'Omniscience.**

Selon le sujet de la Recommandation, de nombreuses pépites ont été déterré, et cela va nous servir de support pour porter un peu plus haut ce sujet-ci.

Il a été recommandé aux Saint de :

- ✓ ***Connaitre et comprendre le Mystère de Dieu, le Christ***
- ✓ ***Dénicher les Trésor du Ciel qui lui sont miens***
- ✓ ***Maitriser le Pouvoir du Ciel sur la Terre***
- ✓ ***Comprendre la subdivision de sa Vie en 4 Etapes selon le Principe Rayons-Cosmique***
- ✓ ***Connaitre les nombres qui régissent la vie des Humains***
- ✓ ***Acquérir l'Intelligence des Temps***

Connaitre le Pouvoir que le Père, Christ a mis dans l'Homme sans l'avoir donné à une autre créature.

Pour revenir à la Valeur Scientifique du Corps et de l'Ame Humaine, il est capital de s'approcher du Psalmiste, le Prophète David déclare :

> ***Quand je n'étais qu'une masse informe, tes yeux me voyaient****; Et sur ton livre étaient tous inscrits Les*

> *jours qui m'étaient destinés, Avant qu'aucun d'eux existât.*
>
> *Psaumes 139.16*

Ceci n'est pas étonnant de voir que Jésus-Christ étant en Palestine au jour de sa Chair, avait ***Fixé ses yeux sur cette Masse informe*** qu'était le Jeune Riche :

- ✓ *L'Ayant Regardé,*
- ✓ *Il l'aima*
- ✓ *Il lui donna la recommandation :* ***vas et vends***
- ✓ *Donna la Parole : puis* **Viens** *et* **Suis-moi.**

Oh Toujours son regard est posé sur sa Créature.

Qu'est-ce que l'Homme pour que tu te souviennes de Lui ?

Et qu'est-ce le Fils de l'Homme pour que tu Portes Tes Regards sur Lui ?

Parce qu'il est en réalité une **Masse informe** et **ses Jours sont comptés et Marqués sur un livre**.

Ceci se passe précisément en Marc 10 :17-21

C'est au Nombre 21 de ce verset du Livre que cette Scène du Regard s'accomplit :

Le regard de l'appel et de compassion.

Et il a été prouvé par la Mathématique de la Bible à 99%, c'est, là que le Père, l'Omnscientifique appel toujours ces enfants. **Pour certains à 17 ans et pour d'autre à 21 ans**, c'est pourquoi le Livre de ***Marc10 :17-21*** nous Interpelle à réfléchir à nos voies. Il se peut que quelqu'un est entrain ou a manqué de répondre à cet Appel Divin qui se fait. Et cela respecte le Pouvoir suprême que Dieu notre Père à a mis en chaque Humain. Ce pouvoir se nomme : le CHOIX ou le Pouvoir de la Décision.

Et ces deux Nombres : **17** et **21** sont en réalité des Nombres premiers, des entiers Naturels. Et la Réduction Théosophique de ces deux Nombres donne : 8 et 3

8 = Infini, retour à un nouveau Commencement, l'Eternité

3 = la Clé de la Connaissance et de la Sagesse

Ils sont des Nombres Divisible par 1 et Par eux-mêmes. Or le 1 est le Fondement : la ***Révélation***, ***la Foi*** : ***Or la foi est une ferme assurance des choses qu'on espère, une démonstration de celles qu'on ne voit pas (l'Invisible).***

17 et 21 sont des Nombres lié à ***l'Appel Divin*** par Dieu dans le but de Sauver ou Commencer un Sacerdoce quelconque avec l'individu.

- ✓ **Joseph** le fis de Jacob appelé à 17 ans, Berger derrière les Brebis de son Père, a reçu une Robe à **7 Couleurs**, qui sont les couleurs de l'Arc-en-Ciel : l'Alliance Divine.

David fils d'Isaïe, appelé et oint par le Prophète Samuel à 17 ans.

Marie la Mère de Jésus, appelé aussi à 17 ans et bien d'autres que je ne finirai de citer.

A 21 ans moi l'auteur qui vous Parle, j'ai été appelé,

Et plusieurs Compatriotes dans la Vie Divine ont fait cette même Expérience d'appel Divin.

Ces nombres servent Egalement à **Sécuriser** les **Informations**, ou **Sécuriser La Vie de l'Homme**. Ces mêmes nombres premiers servent aussi à régir la Beauté de la Nature, les fleurs :

Image7

Ces Nombres premiers servent dans la Cryptologie

La **cryptographie** est une des disciplines de la cryptologie s'attachant à protéger des messages
(assurant confidentialité, authenticité et intégrité) en s'aidant souvent de *secrets* ou *clés*

Image8

Nous poursuivons avec l'appel Divin en rapport avec les nombres Premiers.
Alors le Seigneur appelé ce Jeune Homme Riche en **Marc 10 :17-21**, en tenant compte de l'influence des Nombre dans la Vie Humaine.

L'Homme étant marqué par le chiffre **6 au jour de sa création, démontre qu'il est dépendant de son créateur**, c'est pourquoi cette Formule vous dit V=Amour/6 ?

L'Humain a été fait pour dépendre de Dieu, c'est pour cela qu'il a une Ame. **Cette âme est la Portion de Dieu qui lui est assignée pour être un être Vivant, Intelligent et Raisonnant.**
Mais le Problème est que l'homme n'arrive pas à voir Dieu parce qu'il dans la Forme la plus simple pour œuvrer et sa Simplicité aveugle l'homme.
Il a dit dans Esaïe 35, je crois ; Il a dit : « Même un insensé ne pourrait s'égarer. » C'est tellement simple.

DIEU SE CACHE, PUIS SE REVELE DANS LA SIMPLICITE JEFFERSONVILLE IN USA Dim 17.03.63M
120. ***Ainsi, Dieu trouve bon de se révéler, puis de se cacher ; ensuite de se cacher, pour se révéler dans des petites choses simples.*** Cela a–***cela a été placé au-dessus de la tête de l'homme, parce que***… si vous disiez : « Pourquoi un Dieu juste ferait-Il cela ? » **C'est parce que cet homme n'a pas été créé au départ pour essayer de se débrouiller tout seul.**

DIEU SE CACHE, PUIS SE REVELE DANS LA SIMPLICITE JEFFERSONVILLE IN USA Dim 17.03.63M
121. ***L'homme a été fait pour dépendre entièrement de Dieu. C'est pour cette raison qu'on nous identifie à des agneaux, ou plutôt à des brebis.*** Une brebis ne peut pas se conduire ; elle doit avoir un conducteur. Et le Saint-Esprit est censé nous conduire. L'homme a donc été fait ainsi, et ***Dieu a fait toutes Ses oeuvres si simples pour que les***

> ***simples puissent comprendre cela. Et Dieu se fait simple avec les simples, pour que les simples Le comprennent.***
>
> DIEU SE CACHE, PUIS SE REVELE DANS LA SIMPLICITE JEFFERSONVILLE IN USA Dim 17.03.63M
> 122. *En d'autres termes, Il a dit dans Esaïe 35, je crois ; Il a dit : « Même un insensé ne pourrait s'égarer. »* C'est tellement simple ! Et nous savons que Dieu est si grand que nous nous attendons à ce que cela soit quelque chose de grand, et nous manquons de voir les choses simples.
>
> DIEU SE CACHE, PUIS SE REVELE DANS LA SIMPLICITE JEFFERSONVILLE IN USA Dim 17.03.63M
> 123. ***Nous nous achoppons à la simplicité. C'est comme ça que nous manquons Dieu, en nous achoppant à la simplicité.*** Dieu est tellement simple que les érudits de cet âge, et de tous les autres âges, Le manquent à un million de kilomètres. En effet, dans leur intellect, ils savent qu'il n'y a rien d'aussi grand que Lui ; ***mais, quand Il se révèle, Il le fait de façon tellement simple que les gens passent carrément par-dessus la chose et manquent de voir cela***.
>
> DIEU SE CACHE, PUIS SE REVELE DANS LA SIMPLICITE JEFFERSONVILLE IN USA Dim 17.03.63M
> 125. … Le manque, à cause de la façon dont Il se révèle ; ***en effet, Il est tellement grand qu'Il se cache dans la simplicité pour se faire connaître au plus petit***. Voyez-vous ? Ne cherchez pas à comprendre ce qui est grand, parce qu'Il passe par-dessus cela. ***Mais prêtez attention à la simplicité de Dieu, et alors vous trouverez Dieu, juste là, de façon simple***

Dieu étant conscience de sa Portion dans l'Homme, pour pouvoir délivre ou sauver cet homme, il passe par ***l'Appel Divin*** comme on le fait en classe d'école pour déterminer qui est présent ou qui est absent.
Et répondre à cette **Vocation Divine et l'Approuver par le pouvoir de la Décision, déterminera la Valeur de l'âme.**
C'est pourquoi Dieu étant sur le chemin du Nécessiteux :

- ✓ Il se souvint de lui :
- ✓ Il le regarde,
- ✓ Il l'aime
- ✓ Il lui fait des recommandations Et il lui accorde le dernier appel : *Vient et suis-moi.*

Dans la Recommandation : il dira toujours à l'homme :
Vas et Vends :
C'est au niveau de cette recommandation que **l'on saura si l'homme applique son cœur à la Sagesse pour saisir ou compter ou comprendre la Valeur de son Ame et de son corps.** Et c'est là que la multitude perde le volant de la voiture de leur Vie.

- ✓ **Vas :** se mettre en mouvement pour l'exécution de la recommandation.
- ✓ **Vends :** tout ce que tu as, tout ce qu'empêche l'être entier de l'homme à répondre à l'appel Divin.

Le Pire est que l'humain se vend lui-même au lieu de vendre la possession des Biens. Ce corps humain est un bien non possessif qu'on ne peut vendre à autrui. C'est Pourquoi il est dit qu'il est le Temple de l'Esprit Saint.

L'âme n'est pas un bien matériel mais un **bien-Etre** et tout Etre Humain doit se vendre à son créateur afin de le façonner à sa propre image.
Tout ce que se vend stipule une valeur mais **la Recommandation du Divin envers l'Humain, requiert leurs âmes.**
Mais les humains vendent plutôt leur être entier à la matière périssable, ils préfèrent se vende au diable et son royaume et fini leur vie Prématurément ou dans le regret amer.
C'est parce qu'en réalité, ils n'ont aucune Connaissance de la Valeur de leur âme et celle de leur Corps (la Matière) ce qui est même le Temple du Saint Esprit, Christ.

Ceux ou celui à qui ou à quoi vous vous Vendez déterminera la **Valeur de votre Vie : Corps -Esprit-Ame.**

Ce n'est pas en Vain que le Christ ait dit : **Vas et Vends, puis Reviens et suis-moi. C'était de se délier de ce qu'empêche l'Humain de de se connecter à lui**.

Ce que fait que la Masse de l'Humanité est devenu si abruti, c'est parce qu'ils ne connaissent pas leur Saison de Visitation, ils ont mis en oubli, la Purification de leur péché. Vraiment Aucune Intelligence des Temps.
Pourtant ils adorent dans le Temps. **le Nombre 12 demeure le Nombre de l'Adoration** et **le Nombre du Temps**, Adorer en dehors de la Saison est un manque de la Maitrise de l'Intelligence Lié au Temps.

S'ils sondaient le Temps, ils comprendront qu'ils sont en train de reprendre les erreurs des gens du Temps de Noé, de Lot et Abraham.
Etant dans l'ère des NTIC *(Nouvelle Technologie de l'Information)*, le ProphéTIC de son Coté, nous a annoncé cela d'avance :

> *Ce qui arriva du temps de Noé arrivera de même aux jours du Fils de l'homme.*
> *Les hommes mangeaient, buvaient, se mariaient et mariaient leurs enfants, jusqu'au jour où Noé entra dans l'arche; le déluge vint, et les fit tous périr.*
> *Ce qui arriva du temps de Lot arrivera pareillement. Les hommes mangeaient, buvaient, achetaient, vendaient, plantaient, bâtissaient;*
> *mais le jour où Lot sortit de Sodome, une pluie de feu et de souffre tomba du ciel, et les fit tous périr.*
> *Il en sera de même le jour où le Fils de l'homme paraîtra.*
> ***Selon LUC 17 : 26-30***

Procédons à l'exégèse de ce texte ProphéTIC :

Les Facteurs Majeurs*:* *Les Temps, les Epoques, les Saisons*
Acteurs : *les Prophètes* (Noé, Abraham), *Lot et les Incrédules,*
L'Esprit : *l'esprit des derniers Jours*, ***la Mentalité du Matériel***.

Karl Max avait raison sur ce plan. Il déclara : quand il fera du Matériel le Dieu des Humains, *''**les chrechiens**''* vomiront leur dieu car c'est le Matériel qui les pousse à se chercher le Dieu qui n'a jamais existé.

Acteur Principal : *Apparition du Fils de l'Homme*

Les Phénomènes : *Le Jugement : la Pluie de Feu et la Pluie d'Eau*

Sachez qu'étant dans ces mêmes Conditions aujourd'hui, les mêmes Nombres ***(17,30)*** influenceront les Hommes de la Terre.

- ✓ **17** parce Noé rentra dans l'Ache le 17 Mai -1963 de l'An de son Ere.
- ✓ **30** parce que c'est à 30 ans que le Seigneur Commença son Ministère et c'est au verset 30 que son apparition se fait. Et nous sommes dans les mêmes Conditions ProphéTIC.
- ✓ **17 parce que Joseph** fut appelé par Dieu à l'âge de 17 ans et il devint Premier Ministre en Egypte à 30 ans.
- ✓ **17 parce que David fut appelé et oint** par un Prophète à 17 ans et à 30 ans, il monta sur le trône royal.

PROCÈS, UN - 12.04.1964 BIRMINGHAM, AL, USA

*"110 «**Très bien, cela a duré un certain temps, mais le 17 mai au matin, il a plu**. Et elle, elle a complètement détruit tous ces gens qui s'étaient opposés à la Parole de Dieu et a sauvé tous ceux qui avaient cru Dieu et avaient fait des préparatifs à cause de cela.»*

Noé dit: «Que je puisse témoi...»"

PROCÈS, UN - 12.04.1964 BIRMINGHAM, AL, USA

"95 Et puis quand c'est venu, ceci, là, j'ai vu ce que c'est. Voilà Sa barbe sombre. Vous le voyez, je pense. Voyez? Sa barbe et ses cheveux sombres, Ses yeux, Son nez, tout parfaitement, et il y a même la partie de Ses cheveux, là, qui dépasse de ce côté-là. Il est Dieu! Voyez? Et Il est le même hier, aujourd'hui et pour toujours. Et voilà le magazine

> *Look... ou plutôt le magazine Life. Je pense que c'est le...* ***J'ai oublié quel numéro c'est, là. Ah! celui du 17 mai 1963. C'est la date où il a paru, si quelqu'un veut le magazine.*** *C'est la même photo où il y a Rockefeller et sa – sa femme au dos de la feuille. Et voici le nouveau magazine Science, qui dit que «c'est toujours un mystère».*"

Les humains se vendent au Matériel au lieu de se Vende à leur rédempteur.
C'est le Temps du Commerce par conséquent, il faut que le sujet sur la Recommandation refasse éruption ici pour avancer.

Cette date -1963 de l'an de Noé n'est qu'une Date trouvée selon les Calculs et Identifications ProphéTIC.
Ne m'en demander pas plus car cela pourrait fait l'Objet d'un autre Livre.
Que ceux qui ont l'Intelligence et la Science des Temps fassent leur apparition pour éclairer les Humains.

> ***Des fils d'Issacar, ayant l'intelligence des temps*** *pour* ***savoir*** *ce que* ***devait faire*** *Israël, deux cents chefs, et tous leurs frères* ***sous leurs ordres****.*
>
> *1 Chroniques 12.32*

Et selon le ProphéTIC, nous sommes en plein dans le Signal Rouge, signe Clignotant de la Venue du Messie.

La Mathématique Divine nous exige d'appliquer nos cœurs à la Sagesse et à l'Intelligence car elles sont la source du Salut.

> *Tes jours seront en sûreté;* ***La sagesse et l'intelligence sont une source de salut; La crainte de l'Éternel, C'est là le trésor de Sion***
>
> *Ésaïe 33.6*

> *Le commencement de la sagesse, c'est la crainte de l'Éternel;*
> ***Et la science des saints, c'est l'intelligence.***
>
> ***C'est par moi que tes jours se multiplieront****, Et que* ***les années de ta vie augmenteront.***
>
> *Proverbes 9.10-11*

Selon la Loi des Nombres Divins, L'Humain est appelé à l'Age de **17 ans** ou **21 ans** comme nous l'indique **Marc 10 :17-21 nous l'Indique**

- ✓ Maintenant qu'est-ce que l'Homme pour que tu te souviennes de lui ?
- ✓ Et qu'est-ce que le Fils de l'Homme pour que tu portes tes regards sur lui ?

Parce qu'en réalité, Quand l'Humain n'était qu'une masse informe (Spermatozoïde, embryon), les yeux du Divin le Voyaient et sur le Livre du Dieu Suprême, les Jours qui sont destinés à chaque Humain étaient Inscrits.

C'est pourquoi si un homme réfléchit aux Voies de sa vie, il devrait dire ceci :

> *Enseigne-nous à bien compter nos jours, Afin que nous appliquions notre coeur à la sagesse.*
>
> *Psaumes 90.12*

Psaumes 90 : 12 = 90+12 = 102 = 1+0+2 = 3 : selon la Réduction Théosophique.

Le Nombre 3 demeure le Chiffre de la Sagesse et de la Connaissance, nous le verrons plus loin par démonstration. C'est pourquoi l'enseignement des Connaissances Divines affermit la Sage.

En cet Esprit Omniscientifique Réside 3 Clés Fondamentales :

- ✓ *La Puissance*
- ✓ *L'Amour*
- ✓ *La Sagesse*

Car ce qui **influence plus l'Humain sur la Terre est lié aux Nombres de ses Jours fixé et Inscrits sur le Livre**. Et étant sur la

Terre, la Sagesse et l'Intelligence Divine voudrait que chaque être Conscient réfléchisse à sa Vie et à ses Voies.

La Vie Humaine est régie par 4 Rayons Cosmiques Et nous devons être enseigné à compter nos jours sur terre en rapport avec ces rayons Cosmiques afin d'avertir le Pèlerin.

Et la Connaissance du Mystère du Christ, nous serait d'un grand profit pour **Que celui qui applique la Sagesse à son Cœur fasse le Dénombrement de ces jours**. Il n'est plus question de : ***que celui qui a de la sagesse calcule le Nombre de la Bête***.

Ce qui nous exige la Sagesse et l'Intelligence car elles sont la Source du Salut de l'Humain

> **1 Corinthiens 14.14-15**
>
> ***Car si je prie en langue, mon esprit est en prière, mais mon intelligence demeure stérile.***
>
> ***Que faire donc? Je prierai par l'esprit, mais je prierai aussi avec l'intelligence; je chanterai par l'esprit, mais je chanterai aussi avec l'intelligence***

Prier par l'Esprit va jusqu'à exiger l'Intelligence, c'est pourquoi si Joseph se prétendait Fils du Très Haut, Pharaon devrait retrouver en Lui cette Capacité Subliminale.

> ***Si Pharaon a vu le songe se répéter une seconde fois, c'est que la chose est arrêtée de la part de Dieu****, et que* ***Dieu se hâtera de l'exécuter.***
>
> *Maintenant, que Pharaon choisisse* ***un homme intelligent et sage****, et qu'il le mette à la tête du pays d'Égypte.*
>
> *Genèse 41.32-33*

C'est cette Sagesse Divine qui dénombra le reste des Jours de l'Egypte dont le Monde Entier en Dépendait.

Et Aujourd'hui le Monte Tire à sa Fin par sa Désintégration Totale et il est requis au Monde des Sages et Intelligents dans l'Ordre Divin comme l'a dit Pharaon :

- ✓ ***Trouverions-nous un homme comme celui-ci, ayant en lui l'esprit de Dieu?***
- ✓ ***Puisque Dieu t'a fait connaître toutes ces choses, il n'y a personne qui soit aussi intelligent et aussi sage que toi.***

La science des Humains a fait d'énorme Progrès et le ***Temps*** s'est aussi Développé, ainsi la ***Parole Divine*** se doit être Développée car ***Elle et la Science et le Temps*** Evoluent au même Rythme même si une catégorie des Humains préfère demeurer dans Médiocrité. Et cela demande l'Intelligence du Temps

Car le Temps fait Pression sur l'humain et son Corps vieillit et se désintègre.

Le Temps est une Dimension régis par le Nombre 12.

- ✓ **12 Mois de l'Année,**
- ✓ **12 heures de la Journée,**
- ✓ **12 heures de la Nuit.**
- ✓ 12 Etoiles ou Planètes du Système Solaire : placés pour marquer- *les Heures, les Jours, les Nuits, les époques et les Années*.

Et par la Réduction Théosophique du Nombre 12, nous Obtenons 3 or ce Nombre 3 est la Clé lié à la Connaissance et à la Sagesse Divine. Ce qui requiert les Fils D'Issacar.

Ceci qui nous incombe de chercher à comprendre ce que c'est que la Valeur Humaine, le Corps car le Temps Presse, c'est pourquoi lorsque L'Omniscientifique Descendu le 28 Février 1963 dans la Nuée, Il déclara qu'il n'y avait plus de Temps.

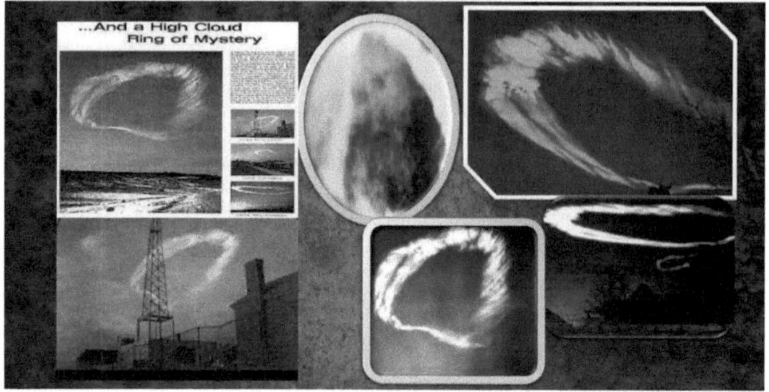

Image 8'

Alors, que nous reste-t-il ?

- ✓ **la Connaissance du Mystère de sa Personne et de sa Parole.**
- ✓ **La Connaissance de l'Intelligence du Temps.**

Et les Météorologues sont très loin de nous le donner, ils sont simplement spécialistes de l'aspect du Ciel.

Portons un regard sur la Composition du Corps Humain afin de desceller sa Valeur Scientifique.

La Chair et le Sang n'hériteront pas le Ciel.

L'adulte moyen (avec une masse de 80 kg) est composé de :

Élément	%	kg
Oxygène	65	52
Carbone	18	14,4
Hydrogène	10	8
Azote	3	2,4
Calcium	1.5	1,2
Phosphore	1	0,8
Soufre	0.25	0,2
Potassium	0.2	0,2

Chlore	0.15	0,12
Sodium	0.15	0,12
Magnésium	0.05	0,04
Fer	0.006	0,0048
Fluor	0.0037	0,00296
Zinc	0.0032	0,00256
Silicium	0.002	0,0016
Zirconium	0.0006	0,00048
Rubidium	0.00046	0,000368
Strontium	0.00046	0,000368
Brome	0.00029	0,000232
Plomb	0.00017	0,000136
Niobium	0.00016	0,000128
Cuivre	0.0001	0,00008
Aluminium	0.000087	0,000070
Pétrole	Ajouté par l'Auteur	
Lumière Cosmique	Ajouté par l'Auteur	25-60 ans et +
Cadmium	0.000072	0,000058
Bore	0.000069	0,000055
Barium	0.000031	0,000025
Arsenic	0.000026	0,000021
Vanadium	0.000026	0,000021
Étain	0.000024	0,000019
Mercure	0.000019	0,000015
Sélénium	0.000019	0,000015
Manganèse	0.000017	0,000014
Iode	0.000016	0,000013
Or	0.000014	0,000011
Nickel	0.000014	0,000011
Molybdène	0.000013	0,000010
Titane	0.000013	0,000010
Tellurium	0.000012	0,000010
Antimoine	0.000011	0,000009
Lithium	0.0000031	0,000002
Chrome	0.0000024	0,000002
Césium	0.0000021	0,000002
Cobalt	0.0000021	0,000002

Argent	0.000001	0,0000008
Uranium	0.00000013	0,0000001
Béryllium	0.000000005	4E-09
Radium	0.00000000000000001	8E-18

Si selon la **Mathématique Divine, l'Homme est une Masse Informe** et dont ***les Jours sont déterminés sur le Livre*** du Divin Créateur, Jésus-Christ, alors ceci revient à dire que le Corps Humain détient une Valeur.

Cette Valeur peut être : *Chimique, Numérique et Métaphysique :*

Analysons certains Donnés Physiques et Chimiques.

- ✓ Par Addition de toutes ces Proportions Chimiques dans le Tableau, **on obtient : 80 Kg**
- ✓ 80 Kg demeurera la Valeur Chimique du Corps Humain et
- ✓ **84 Cent** est la Valeur Numérique du Corps en Cendre, pourquoi en cendre, parce que selon la Prophétie, ce monde serait brulé par les bombes nucléaires et les Justes marcheront sur la Cendre des Méchants. Même les scientifiques sont influencés par la prophétie, c'est pourquoi ils ont rendut ce corps en Cendre pour la définir en valeur Brulée. Que ceci ne laisser aucun Humain Indiffèrent. les Saintes Ecritures Déclarent *: les Humains les Plus Robustes Vivre jusqu'en 80 ans et les moyens Robustes vivront jusqu'à 70 ans ce qui est la durée de vie d'un roi au pouvoir*

Pour 1 Kg = 1 an

Pour 70 Kg = 70 ans et pour 80 Kg = 80 ans

Le nombre supplémentaire 4 du 84 Cent n'est que poussière et **ceci est l'effet de du Pétrole** et **de la Lumière Cosmique**. Avec de telle Valeur, Jeune Femme ou Jeune Homme fait ta Vie mais Sache que tu seras appelé en Jugement.

Cette Mathématique est en relation avec les 4 Rayons de la Lumière Cosmique, régissant la Vie Humaine s'échelonne de la Manière suivante:

- ✓ **A 25 ans** : le premier Rayon Cosmique Disparait, la Courbe de Vie de l'Humain commence à tendre vers la Mort
- ✓ **Entre 35 et 40 ans** : le 2ème Rayons Cosmique Disparait, la Vie de l'homme tend de plus en plus vers la Tombe et cependant il ne prend point garde au regard du Sauveur
- ✓ **A 60 ans : le 3ème Rayon Cosmique** Disparait et l'insensé devient le salut de l'Homme
- ✓ **A 60 ans et plus, le 4ème Rayon Cosmique** disparait et tout ce que tient l'homme c'est la Fuite de la Grace Divine appelé le Hasard.

Que celui qui est enseigné, applique la sa sagesse à son Cœur pour sauver sa Vie.

La Valeur du Scientifique ou Chimique du Corps Humain calculé étant 80 Kg, est converti en Combustible pour une Valeur de 84 Cent.

Cette Valeur de 84 Cent du Corps Humain est en réalité sa Valeur Monétique.

Avec toute cette démonstration initiale, ne serons-nous pas à mesure de déclarer comme **Isaac NEWTON** : ***"Dieu créa toue chose par des chiffres, des Pois et des Mesures"*** ?

Cette valeur Monétique parce qu'elle accomplit la Prophétie de Malachie4 :1-6 et en renforçant celle qui fait aussi mention de *l'Activité Principale de la Grande Prostitue*, chez qui, les corps et des âmes Humaines ont été retrouvés pour la commercialisation.

> ***Car voici, le jour vient, Ardent comme une fournaise. Tous les hautains et tous les méchants seront comme du chaume****; Le jour qui vient les embrasera, Dit l'Éternel des armées,* ***Il ne leur laissera ni racine ni rameau.***
>
> *Mais pour vous qui craignez mon nom, se lèvera Le soleil de la justice, Et la guérison sera sous ses ailes; Vous sortirez, et vous sauterez comme les veaux d'une étable,*
>
> *Et* ***vous foulerez les méchants, Car ils seront comme de la cendre Sous la plante de vos pieds****, Au jour que je prépare, Dit l'Éternel des armées.*
>
> *Souvenez-vous de la loi de Moïse, mon serviteur, Auquel j'ai prescrit en Horeb, pour tout Israël, Des préceptes et des ordonnances.*
>
> ***Voici, je vous enverrai Élie, le prophète, Avant que le jour de l'Éternel arrive, Ce jour grand et redoutable****.*
>
> *Il ramènera le coeur des pères à leurs enfants, Et le coeur des enfants à leurs pères, De peur que je ne vienne frapper le pays d'interdit.*
>
> *Malachie 4.1-6*
>
> ***Ils veulent ignorer****,* ***en effet, que des cieux existèrent autrefois par la parole de Dieu****, de même qu'une terre tirée de l'eau et formée au moyen de l'eau,*
>
> *et* ***que par ces choses le monde d'alors périt, submergé par l'eau***
>
> *tandis que,* ***par la même parole, les cieux et la terre d'à présent sont gardés et réservés pour le feu****, pour le jour du jugement et de la ruine des hommes impies.*
>
> *2 Pierre 3.5-7*

Toutes ces Disparitions sont de façon Naturelles et la seule façon d’accélérer la Disparition de ces rayons, émane de la Radiographie, qui les brouille, car elle utilise la Lumière Cosmique à l’intérieur pour opérer dans l’Homme.

<u>LE VOILE INTERIEUR STURGIS MI USA</u>
<u>Sam 21.01.56</u>

29. Il y a deux parties en vous, deux facultés. Vous savez, le vieil hypocrite disait, ou beaucoup de gens disent : « Oh ! La Bible a dit telle et telle chose. »

Une fois, la science soutenait : « Il y a... Quand Dieu a dit qu'Il avait créé le firmament avant d'avoir créé le soleil, Il avait certainement embrouillé les choses. Il n'y avait pas de lumière sur la terre, à part la lumière du soleil. »

Eh bien, les rayons X en ont prouvé le contraire. La Bible dit : « Tout votre corps est plein de posemètres. » Le saviez-vous ? Votre corps est plein de lumière. <u>La science disait : « Eh bien, c'est de la folie. » Mais ils prouvent cela.</u> Les rayons X n'utilisent pas une lumière artificielle, ils se servent de vos lumières. Les rayons X, ce sont des rayons qui sont dans... les posemètres qui sont dans votre propre corps*. Vous n'êtes pas constitué de... Mais vous êtes constitué du* ***<u>pétrole, de la lumière cosmique</u>****, des atomes et autres. C'est tout ce que vous êtes, simplement mis ensemble. Et vous habitez dans cela, dans ce corps de chair. Un jour, cela va se décomposer.*

LA PORTE DU COEUR CHATTANOOGA TN USA
Dim 02.03.58

*29.****Il y a quelque temps, j'étais avec quelques jeunes garçons****.* ***Je n'étais pas avec eux, mais je les observais****.* ***Et ils regardaient le grand Colisée où nous étions, et on y avait indiqué la valeur des composants chimiques d'un homme*** *qui pèse cent cinquante livres [68 kg].* ***Vous serez surpris de savoir ce que vaut réellement un homme****. Il a juste assez de chaux dans son corps pour asperger un nid de poule, un tout petit peu de calcium, deux onces [56,7 g]; et tout cela pesé, un homme très fort, de cent cinquante livres [68 kg], ne vaut que* ***quatre-vingt-quatre***

cents. *Et une femme vaut moins que ça. Elle n'a pas autant de composants chimiques que l'homme.*

Et alors, vous allez mettre un manteau de vison de cinq cents dollars autour de ces quatre-vingt-quatre cents et vous pointez votre nez en l'air. S'il pleuvait, vous vous noieriez. Et alors, vous pensez être quelqu'un parce que vous êtes membre d'une église quelque part. C'est vrai. Qu'est-ce ? Quatre-vingt-quatre cents. Et un de ces jeunes garçons a dit à l'autre, il a dit : « Eh bien, John, nous ne valons pas grand-chose, n'est-ce pas ? »

Et j'ai placé une main sur leurs épaules à tous deux, et j'ai dit : « Je ne remets pas cela en doute. ***Ce sont les hommes de science qui ont analysé cela qui ont fait cette déclaration. Mais, mes gars, en ma qualité de ministre du Seigneur Jésus, vous avez en vous une âme qui vaut dix mille mondes. »***

CROIS-TU CELA ? HOUSTON TX USA Dim 15.01.50

33. ***Il n'y a pas longtemps, je me tenais dans un musée. Il y avait un tableau d'un homme-là, de cent cinquante livres [68 kg]. Et on–on donnait une analyse de composants chimiques de son corps. Il valait quatre-vingt-quatre cents. C'est tout ce qu'un homme de cent cinquante livres [68 kg] valait, quatre-vingt-quatre cents. Mais il va se rassurer de porter un chapeau de dix dollars sur ces quatre-vingt-quatre cents, et penser être quelqu'un de grand.*** *C'est vrai. Une femme emmitouflera ces quatre-vingt-quatre cents dans un manteau de fourrure de cent dollars et ne parlera pas à la moitié de ses voisines.*

Qu'y a-t-il ? L'amour de Dieu vous amène quelque part. C'est vrai. Qu'est-ce ? C'est toujours quatre-vingt-quatre cents. Vous vous en occupez très bien. Mais cette âme vaut dix mille mondes, vous laisserez tout y être avalé… C'est vrai. C'est la vérité

LE SON CONFUS JEFFERSONVILLE IN USA Dim 18.12.60

> *37.Or, quand nous avons été créés, si... quand nous avons été créés... Récemment, ils ont découvert que votre corps est plein de lumière. La radiographie le prouve. La radiographie ne se fait pas à l'aide de sa propre lumière. C'est votre lumière qu'elle utilise. A votre naissance, vous avez quatre rayons lumineux.* ***Peu après, disons, à vingt, vingt-cinq ans, un rayon disparaît*** *;* ***et à trente-cinq, un autre rayon disparaît, ou à quarante ans, un autre disparaît ; et finalement, quand vous dépassez les soixante-cinq ans, environ, vous vivez de votre dernier rayon****. Et* ***chaque fois qu'on vous fait une radiographie, ces rayons sont détruits****. C'est pourquoi on n'a plus... et vous mettez les pieds de ces enfants dans ces machines, car ça ne faisait que détruire* ***les rayons lumineux de leurs petits corps. Et c'est de la lumière cosmique qui est*** *en vous, dont vous êtes constitué, c'est plein de cellules de lumière. Eh bien, ça, c'est de la lumière cosmique.*

Selon l'Intelligence Divine, l'Esprit est la Nature de l'Ame, par conséquent l'âme ne peut mourir Naturellement car il est dit :

Ne craint pas celui qui peut tuer seulement le corps mais plutôt celui qui peut Tuer le Corps et l'Ame.

Ceci revient à dire qu'aucune Méthode des Sciences Humaines ne peut définir la Valeur de l'Ame. Là où la réflexion de l'homme s'arrête, c'est aussi à partir de là que la Sagesse et l'Intelligence Divine intervienne par le ProphéTIC.

Je ne limite pas la science à un bon à rien, et je sais qu'à partir de ces œuvres, on a eu à captiver la Photo d'une Ame Humaine.

Image 10

***Dr Korotkov est professeur** en **informatique et en biophysique** à **l'Université Fédérale des Technologies de l'Information de Saint Pétersburg**, département **Mécanique et Optique (ITMO)**. Il a occupé le poste de directeur adjoint de l'Institut Fédéral de Recherches de culture physique de Saint-Pétersburg (Saint-Petersburg Federal Research Institute of physical Culture), et président de l'Union Internationale de la Bioélectrographie médicale et appliqué.*

Le calendrier de désincarnation astrale où l'esprit quitte le corps a été capturé par le scientifique russe Konstantin Korotkov, qui a photographié une personne au moment de sa mort avec une caméra bioélectrographique.

*Sur la Chaine Youtube : **You Top 10**, une série de Vidéos montrant l'âme qui quitte son Corps, prise par des Caméras de surveillance dans plusieurs Pays du Monde, commençant par la Chine*

Cependant avec sa Technologie, elle ne peut pas nous donner la Valeur Scientifique de l'Ame.

Si l'âme provient de la Parole créatrice du Divin créateur, le Christ Infini : cette Même Ame aura de Valeur Scientifique si et seulement si elle est de l'Ordre du Logos.

C'est elle la lumière Divine qui anime le corps. Certainement la Science avec ses Progrès n'arrivera jamais à tout expliquer par leur TIC. C'est cela La Science Divine : cette Ame calculée et sa Valeur Scientifique provient de l'Omniscientifique :

Le ProphéTIC étant la Technologie hors pair qui navigue entre les Différentes Dimensions, demeure toujours la Technologie des Prophètes (Prophètes Messager). C'est à eux que l'Omniscience ne cache absolument rien, ils sont les yeux et la Bouche du Divin.

Tout ce que sort de la Bouche d'un des Prophètes messager : Paul, Ésaïe, Moise, Enoch… et William Branham, demeurera éternelle, car ils sont les Esprit supérieur manifestés dans la Chair Humaine.

LA PORTE DU COEUR CHATTANOOGA TN USA
Dim 02.03.58

29. Il y a quelque temps, j'étais avec quelques jeunes garçons. Je n'étais pas avec eux, mais je les observais. Et ils regardaient le grand Colisée où nous étions, et on y avait indiqué la valeur des composants chimiques d'un homme qui pèse cent cinquante livres [68 kg]. Vous serez surpris de savoir ce que vaut réellement un homme. Il a juste assez de chaux dans son corps pour asperger un nid de poule, un tout petit peu de calcium, deux onces [56,7 g]; et tout cela pesé, un homme très fort, de cent cinquante livres [68 kg], ne vaut que quatre-vingt-quatre cents. Et une femme vaut moins que ça. Elle n'a pas autant de composants chimiques que l'homme.

Et alors, vous allez mettre un manteau de vison de cinq cents dollars autour de ces quatre-vingt-quatre cents et vous pointez votre nez en l'air. S'il pleuvait, vous vous noieriez. Et alors, vous pensez être quelqu'un parce que vous êtes membre d'une église quelque part. C'est vrai. Qu'est-ce ? Quatre-vingt-quatre cents. Et un de ces jeunes garçons a dit

> *à l'autre, il a dit : « Eh bien, John, nous ne valons pas grand-chose, n'est-ce pas ? »*
>
> *Et j'ai placé une main sur leurs épaules à tous deux, et j'ai dit : « Je ne remets pas cela en doute.* ***Ce sont les hommes de science qui ont analysé cela qui ont fait cette déclaration. Mais, mes gars, en ma qualité de ministre du Seigneur Jésus, vous avez en vous une âme qui vaut dix mille mondes. »***

Qui pourrait par ces moyens inhumains ou hors norme acheter ce monde et ces merveilles ?

Je crois qu'aucun Humain ne le pourrait, même Bill Gate avec sa Fortune ne peut se créer un monde tel que le nôtre.

Et la Valeur Omniscientifique et Numérique de l'Ame Humaine demeure **10 000 Mondes.**

L'Unité de Mesure de l'Ame est appelé le ***Monde***

C'est ce que Vaut l'âme Humaine ***10 000 Mondes.***

A ce que je sache, l'Omniscience et la Science des Humaine ne sont pas Comparable.

C'est de par elle que provient l'Energie Infinie dans l'Homme. Tout dépend de comment vous orientez votre Vie.

Son Energie à elle:

- ✓ Elle est la puissance pour envoyer un message Radio à **cinq reprises autour du monde entier.**
- ✓ Elle est la seule Energie qui va au-delà : ***des Etoile jusqu'au Trône de Dieu***, sans demander de la force Nucléaire.

Voyez la Portée d'une Ame Humaine ? Et quand elle a été bien orientée ici sur terre, sa Demeure Eternelle est Garantie dans la Félicité.

Elle a sa raison d'être évaluée à une **Valeur Omniscientifique de 10 000 Mondes**

La Valeur Numérique de l'Ame est 10 000

En voici la démonstration en quelque Ligne.

10 est le Nombre du Messie

Et 1000 le Nombre du Millenium et de la Miséricorde.

DOCTEUR MOÏSE CHICAGO IL USA Ven 14.01.55

41. Un grand savant a parlé du haut de cette chaire, il n'y a pas longtemps, lorsque j'étais ici. Et il m'a posé des questions là au fond, dans la pièce, sur cette Lumière-là, cette Lumière Angélique qui était apparue. On avait publié cela dans le journal, une photo. Eh bien, il a dit : «Révérend Branham, oh, on avait placé un compteur sur une sainte en agonie, quand elle se mourait, on s'est éclipsé dans une pièce, et elle n'en savait rien.

Et lorsque la mort l'a frappée, elle n'a pas eu peur. Elle a levé les yeux et a demandé à Dieu de pardonner à chaque ennemi qu'elle avait; elle Lui a rendu grâce pour la vie qu'elle avait menée. Et alors que ce compteur était au point zéro, il s'éleva de cette femme-là suffisamment de puissance, ***quelque chose de surnaturel émanant d'elle, cela fut capté dans ce compteur*** *qui était fait de la même matière que le détecteur de mensonge, qui fait que vos nerfs...»*

DOCTEUR MOÏSE CHICAGO IL USA Ven 14.01.55

42. Vous n'avez pas été créé pour dire des mensonges. On peut placer un appareil ici autour de votre poignet, vous mettre là et vous laisser dire quelque chose. Et si vous ne dites pas la vérité à ce sujet, cela signalera que vous mentez, car il y aura ***une tension sur la lumière qui parcourt vos nerfs, une énergie, laquelle est l'âme de l'homme****, elle n'a pas été créée au commencement pour mentir, mais pour être véridique.*

> *La science a rendu cela manifeste ou a mis cela au point. Cette même chose sur la vérité... Eh bien, cette sainte de Dieu, qui se mourait, qui avait été chassée de sa maison à cause de sa foi en Dieu... On disait qu'elle était folle, parce qu'elle avait accepté le Seigneur Jésus-Christ et qu'elle avait cru en Lui. Alors, il émanait de cette femme assez de puissance pour envoyer un message radio à cinq reprises autour du monde entier, je pense, la puissance qui émanait de cette femme mourante.* **Ça va au-delà de la lune et des étoiles jusqu'au Trône de Dieu**, *par cette prière d'un pauvre coeur de pécheur, à l'heure de sa mort...*

Omniscientifiquement, l'Ame Humaine est de la Nature d'une Nuée Blanche.

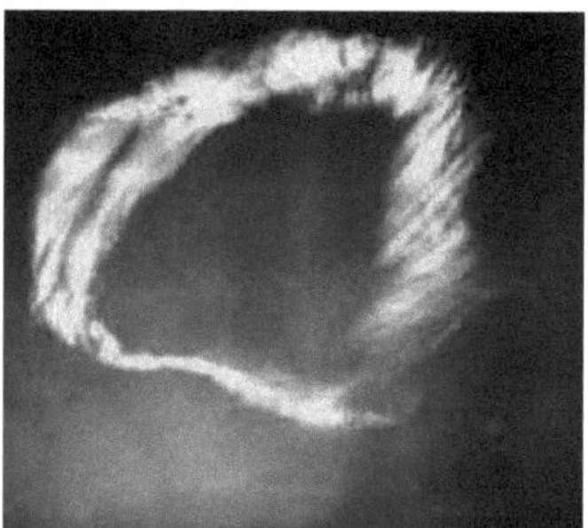

Image 11

La Science n'ira jamais plus loin avec ses études portées sur le Physique, comme l'a déclaré Nikola Tesla, la Science fera de grand progrès le jour où son intelligence se portera sur la connaissance des œuvre Invisibles, les trous noir selon Albert Einstein nous en effleure un peu ce monde invisible. Et la Nature de l'âme demeure invisible et voyage à la Vitesse de la Pensée de telle sorte que lorsqu'elle est prise en photo par les appareils mécaniques dans la dimension des ondes, cela lui donne une forme de Nuée Blanche.

Lorsque les Omniscientifiques s'interrogent à ce sujet, cela nous interpelle à avoir Connaissance que l'Homme évolue en 3 Corps selon lequel l'âme en est le Moteur :

1. Le Corps Glorifié
2. Le Corps de Théophanie
3. Et le Corps de chair.

Lorsque les gens rentreront dans le Métaphysique, ils comprendront que le Christ lui-même en a fait Usage sur la terre avant de monter pour aller préparer des demeures pour les siens.

1- pendant son œuvre avant sa mort à la Croix, il demeure dans le corps charnel.

2 - après sa résurrection lorsqu'il fut perçu par Marie, et qu'elle voulait le toucher, il lui interdit en lui disant il faut qu'il monte vers son père d'abord et qu'il redescende. Pendant ce court instant de la Conversation, il demeurait dans le Corps de Théophanie.

3 - et quand il est redescendu, allant vers ces disciples, il se revêtit du Corps Glorifié, ce qui lui permit de manger, de disparaitre, de traverser les murs et il fit beaucoup de choses étant dans ce corps … Ce corps ci est la Perfection, il ne contient pas de Sang, mais plutôt des os, de la chair et de l'eau.

Si les Scientifiques s'alignent sur cette Citation de Nikola Tesla, elle fera en 10 ans, ce qu'elle aura fait en 100 ans :

''Le jour ou la science commencera à étudier les phénomènes non physiques, elle fera plus de progrès en une décennie que dans tous les siècles présents de son existence.''

Revenons au ProphéTIC William Marrion Branham

> LA VIE JEFFERSONVILLE IN USA Dim 02.06.57
>
> 23. Ensuite, **cette théophanie a été faite chair dans la Personne de Jésus-Christ.** ***Et puis, toute la plénitude de la trinité a habité en Lui, c'était à la fois le Père, le Fils et le Saint-Esprit, tout dans ce corps***. Et c'est de cette manière même que nous allons, que nous retournons droit au commencement original de Dieu. C'est là que nous sommes nés de nouveau, non pas de la chair ; nous sommes nés de nouveau non pas du sang, mais nous sommes nés de nouveau

de l'Esprit. Et cet Esprit éternel d'amour et d'honnêteté descend pour prendre Sa place en nous.

Et ensuite, lorsque nous mourons, et que nous quittons cette vie, nous entrons dans le corps qui... Si ce tabernacle terrestre est détruit, **nous avons une théophanie dans laquelle nous entrons, un corps céleste**.

Alors à la venue du Seigneur Jésus, **ce corps sera de nouveau tiré de la terre, sera changé dans un état glorifié pour vivre éternellement dans Sa Présence.** A ce moment-là toute la perversion, toutes les choses qui étaient dans–dans la perversion disparaîtront totalement. **La chair ira à son châtiment**. L'enfer ouvrira sa bouche et engloutira tout le mal et toute la perversion. Et Dieu et Son Eglise bien-aimée, Son Epouse, prendront leur place dans l'éternité pour toujours. Voilà la glorieuse espérance de l'Eglise chrétienne.

HEBREUX CHAPITRE 2, 3 JEFFERSONVILLE IN USA Mer 28.08.57

278. **Et maintenant, le Logos Qui sortit de Dieu, c'était le–le Logos, tout cela a commencé à prendre une forme corporelle**. Et **cette «forme corporelle» fut appelée dans l'enseignement des théologiens «Logos». Le Logos Qui sortit de Dieu**. En d'autre termes, un–un meilleur mot pour cela était un... ce que nous appelons une théophanie. ***Une théophanie, c'est un corps humain qui est glorifié*. Pas exactement avec de la chair et du sang, comme il en sera dans son état glorifié. Mais elle a la forme d'un corps humain qui ne mange ni ne boit, mais c'est–c'est un corps, un corps qui nous attend aussitôt que nous aurons quitté celui-ci. Maintenant, là, nous entrons dans ce corps. Et c'est ce genre de corps-là que Dieu avait. Car Il dit : «Faisons l'homme à Notre Propre image et à Notre ressemblance.»**

QUI EST CE MELCHISEDEK? JEFFERSONVILLE IN USA Dim 21.02.65S

78. Alors, quand un homme naît de nouveau du Ciel, il devient un bébé-esprit en Christ. **Et, lorsque cette robe de**

chair est abandonnée*, il y a un corps naturel, une théophanie* où nous allons, un corps que des mains n'ont pas fait et qui n'est pas né d'une femme*. Puis, ce corps retourne chercher le corps glorifié.* C'est la raison pour laquelle Jésus alla en enfer, lorsqu'Il mourut, et prêcha aux âmes qui étaient en prison. **Il était revenu à cette théophanie**. Oh! c'est merveilleux. Merci, Seigneur!

WARNING-AVERTISSEMENT

Il y avait un homme riche, qui était vêtu de pourpre et de fin lin, et qui chaque jour menait joyeuse et brillante vie.
Un pauvre, nommé Lazare, était couché à sa porte, couvert d'ulcères,
et désireux de se rassasier des miettes qui tombaient de la table du riche; et même les chiens venaient encore lécher ses ulcères.
Le pauvre mourut, et il fut porté par les anges dans le sein d'Abraham. Le riche mourut aussi, et il fut enseveli.
Dans le séjour des morts, il leva les yeux; et, tandis qu'il était en proie aux tourments, il vit de loin Abraham, et Lazare dans son sein.
Il s'écria: Père Abraham, aie pitié de moi, et envoie Lazare, pour qu'il trempe le bout de son doigt dans l'eau et me rafraîchisse la langue; car je souffre cruellement dans cette flamme.
Abraham répondit: Mon enfant, souviens-toi que tu as reçu tes biens pendant ta vie, et que Lazare a eu les maux pendant la sienne; maintenant il est ici consolé, et toi, tu souffres.
D'ailleurs, il y a entre nous et vous un grand abîme, afin que ceux qui voudraient passer d'ici vers vous, ou de là vers nous, ne puissent le faire.
Le riche dit: Je te prie donc, père Abraham, d'envoyer Lazare dans la maison de mon père; car j'ai cinq frères.

> C'est pour qu'il leur atteste ces choses, afin qu'ils ne viennent pas aussi dans ce lieu de tourments.
> Abraham répondit: **Ils ont Moïse et les prophètes; qu'ils les écoutent.**
> **Et il dit: Non, père Abraham, mais si quelqu'un des morts va vers eux, ils se repentiront.**
> Et Abraham lui dit: **S'ils n'écoutent pas Moïse et les prophètes, ils ne se laisseront pas persuader quand même quelqu'un des morts ressusciterait.**
>
> *Luc 16.19-31*

Au vue de tout ce qui précède, j'aimerai détourner votre attention sur certains faits, bien que la multitude ne croit pas en une vie après la mort. Il est de mon devoir de vous informer et non pas de vous endoctriner…

Aujourd'hui la multitude place leur confiance et raisonnement dans le progrès scientifique ce qui n'est pas une carie dans les os. Cependant si l'on poussait le pion du dame plus loin, l'on comprendrait que, bien vraie que la science apporte beaucoup de chose positive à la vie une, elle demeure un instrument qui se remet toujours en cause. Son progrès le plus grand serait lorsqu'elle arrivera à pénétrer le monde invisible, ce qui serait pour d'autres les trous noirs, alors elle ferait de grand progrès plus qu'elle en a fait jusqu'à maintenant. Ma conviction absolue est placée dans la Parole infaillible du Divin Créateur YHWH.

S'il m'arrive d'utiliser certaines preuves scientifiques ou historique, cela n'est pas dans le but de confirmer les phénomènes invisibles dont le monde ignore l'origine, mais plutôt dans l'optique d'appuyer les faits. Ce qui serait aussi avantageux pour certains.

Les Etudes du Professeur Korotkov, ont montré, qu'il y a une personne voilée dans l'humain lorsqu'il achève sa vie sur cette, elle sort et par pour un autre lieu. Sur la chaine You Top 10, vous verrez aussi cette expérience.

Ce qui voudrait dit qu'après la mort, il un être qui, sort et qui part dans un autre lieu.

Le Prophète Saint Paul nous le dit : si cette tente est détruite, il y en a une autre qui nous attend.

La valeur de l'âme définie tel que les études précédentes l'on démontrée, nous met en garde et cela devrait donner au genre de réfléchir à leur vie sur la terre.

L'âme ayant pour valeur numérique 10 000, pour unité de mesure le monde, ceci voudrait dire que le corps dans chérie n'a rien de comparable à elle.

La valeur monétique et chimique et numérique oscille dans les environs de 70 à 80.

La valeur Monétique : 84 cent

Valeur chimique : 80 kg

Je suis conscient du désaccord de la multitude qui ne traite la bible comme une fable ou un mythe. Mais sachez qu'il y a un être plus meilleur au-dedans de vous qui est votre personne réelle dont on ne peut percevoir qu'à une dimension invisible lors de votre décès.

Le mal et le bien existe et pensez-vous que ces deux entités n'ont pas d'origine ?

Ainsi une âme pécheresse et sainte auront des demeures différentes. Le hasard n'est pas le principe de vie et de l'existence. C'est l'intelligence qui l'est comme certains aiment le dire ainsi. Cette intelligence Suprême est un être, si nous partons du principe…

Vous êtes libre de le prendre ou de le rejeter.

Mais après la mort il a une autre vie. Et cette vie est plus réelle que ce que nous vivons maintenant. Les sens et la conscience sont plus développés que jamais. Le Professeur Korotkov et ces travaux en démontrent assez pour ceux qui cherchent des preuves scientifiques.

Mais pour la Parole de Créateur, YHWH, Jésus-Christ me suffit pour cela.

Si nous faisons machine arrière, nous verrons la sorcière d'Endor qui a fait remonter le prophète Samuel de la Dimension du paradis. Pourtant il était mort et enterré. Et quand il est apparu, il parla étant vêtit de la même tenue dans laquelle il fut enseveli.

Jésus-Christ à la montagne de la transfiguration a fait apparaitre Elie et Moise qui étaient mort depuis des siècles au paravent.

Et nous voilà ici avec cette parabole de Lazard et le jeune Homme riche.

Certains appellent cela une fable ou une simple parabole. Ok mais vous conviendrez tous avec moi qu'Abraham a existé, Lazard a existé et ce jeune homme riche aussi a existé, maintenant comment se fait-il que ce que dit le seigneur Jésus-Christ soit une simple parabole et une fable pour d'autre ?

Le mal n'est-il pas réel ? Le bien aussi n'est-il pas réel ?

Et ces deux entités n'ont-elle pas d'origine ?

Votre âme vaut 10 000 Monde cependant elle ne vous dit absolument rien, c'est ce corps faible et remplis de maladie avec une valeur de 84 cent et 80kg qui vous est cher. Il y a une autre vie après la mort. Le cycle de l'eau nous le démontre plus clairement.

Si le vivant que je suis, en vous présentant ces choses de la vérité, vous ne les recevez pas, sachez que les paroles d'un mort ne vous feront aucun bien.

Que celui qui applique la sagesse à son cœur, calcule le nombre des jours qui lui sont fixés en se rapportant aux 4 Rayons Cosmiques qui subdivisent la vie de l'Homme en 4 étapes.

Ainsi dit le ProphéTIC William Branham :

LE SON CONFUS JEFFERSONVILLE IN USA
Dim 18.12.60

37. Or, quand nous avons été créés, si... quand nous avons été créés... Récemment, ils ont découvert que votre corps est plein de lumière. La radiographie le prouve. La radiographie ne se fait pas à l'aide de sa propre lumière. C'est votre lumière qu'elle utilise. A votre naissance, vous avez quatre rayons lumineux. Peu après, disons, à vingt, vingt-cinq ans, un rayon disparaît ; et à trente-cinq, un autre rayon disparaît, ou à quarante ans, un autre disparaît ; et finalement, quand vous dépassez les soixante-cinq ans, environ, vous vivez de votre dernier rayon. Et chaque fois qu'on vous fait une radiographie, ces rayons sont détruits. C'est pourquoi on n'a plus... et vous mettez les pieds de ces enfants dans ces machines, car ça ne faisait que détruire les rayons lumineux de leurs petits corps. Et c'est de la lumière cosmique qui est en vous, dont vous êtes constitué, c'est plein de cellules de lumière. Eh bien, ça, c'est de la lumière cosmique.

Série 5 : Science des Nombres ou Dénombrement

L'Éternel parla à Moïse dans le désert de Sinaï, *dans la tente d'assignation, le premier jour du second mois, la seconde année après leur sortie du pays d'Égypte. Il dit:*

Faites le dénombrement de toute l'assemblée des enfants d'Israël, *selon leurs familles, selon les maisons de leurs pères, en comptant par tête les noms de tous les mâles,*

depuis l'âge de vingt ans et au-dessus, tous ceux d'Israël en état de porter les armes; ***vous en ferez le dénombrement*** *selon leurs divisions,* ***toi et Aaron.***

Nombres 1.1-3

Et après l'avoir conduit dehors, il dit: ***Regarde vers le ciel, et compte les étoiles, si tu peux les compter.*** *Et il lui dit: Telle sera ta postérité.*

Genèse 15.5

(8:5) Qu'est-ce que l'homme, pour que tu te souviennes de lui? Et le fils de l'homme, pour que tu prennes garde à lui?

Psaumes 8.5

En mathématiques, le **dénombrement** est la détermination du nombre d'éléments d'un ensemble. Il s'obtient en général par un comptage ou par un calcul de son cardinal à l'aide de techniques combinatoires.

Comprenez bien que celui qui fut choisi par le Divin, est Moise, le Noir, qui a grandi dans la Sagesse Egyptienne ou Africaine, appelé anciennement ALKEBULAN.

Ça ne pouvait être que Moise Seul parce qu'il est celui qui maitrisait la **Sagesse Egyptienne** qui devait faire le Dénombrement du Peuple alors qu'il était en moyenne de 2 Millions de personnes.

Pensez-vous que Moise par le Comptage simple comme on le fait avec les doigts arriverait à fait quelque chose de concrets ? Je pense qu'il ne produirait rien de concret s'il n'avait pas la **Science Africaine ou Egyptienne en Lui.**

Il fit 40 ans dans l'Instruction Africaine :

Il maitrisait la Sagesse et l'Intelligence Africaine.

1. Il avait la Science de la Médecine : c'est pourquoi, il pouvait établir le Symbole de la Médecine avec le Serpent d'airain. Le serpent pour l'Afrique ancienne était signe de Guérison. Vous trouverez sur la couronne des Pharaon le symbole du Serpent.
2. Il maitrisait la Science de la Guerre. Il ne s'est pas du tout en passé de cette Science pour tenter la délivrance d'Israël par la Guerre vue qu'il était le chef de l'armée de Pharaon.

3. Il avait la Maitrise des Mathématiques, ce qui lui a couté le dénombrement du peuple dans le Désert avec son Frère Aaron.

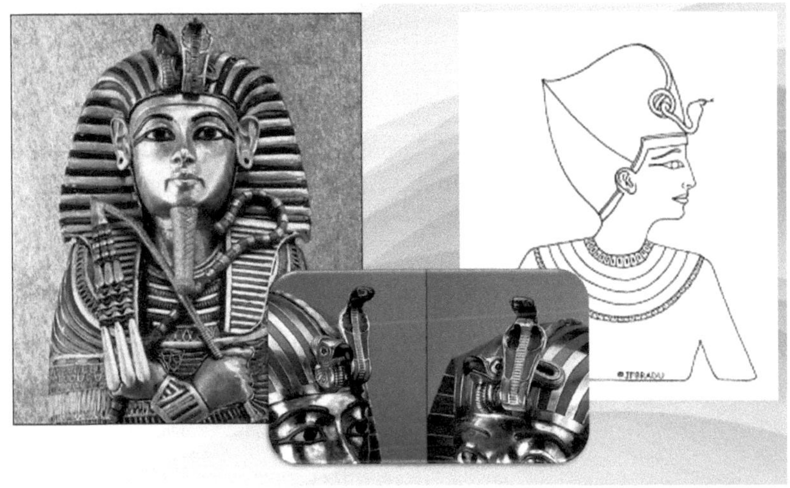

Symbole de la Médecine Moderne :

Dira-t-on que Blaise Pascal a inventé une formule quelconque de Dénombrement ? Cependant je suis en accord avec lui parce qu'il a su reformuler cela avec un langage Eurocentrique.

L'idéal civilisationnel de l'Afrique antique reposait sur le fait que Dieu était le seul vrai savant et que les hommes, depuis **Djéhuty**, ne faisaient que découvrir et analyser les lois cachées de la création pour les mettre à profit.

Le ProphéTIC William Marrion Branham ne reste pas non plus en marge de cette Science Africaine ou Kamite.

> UNE FOI EPROUVEE PRODUIT DES RESULTATS BANGOR ME USA Dim 18.05.58
>
> 23. **Moïse, après quarante ans de théologie, la meilleure formation qui pouvait être donnée à un homme**, eh bien, **il n'avait pas besoin de revoir ses** ***notions de mathématiques*** **ou de n'importe quelle autre étude qu'il voulait...** ***avait étudiées en Egypte, de sa médecine***. Eh bien, ***les Egyptiens avaient la médecine et des choses que nous n'avons pas aujourd'hui***. Ils ont construit des pyramides que nous ne sommes pas capables de construire. Ils teignaient les habits avec une teinture qui paraît encore naturelle. Ils embaumaient les corps, faisaient des momies ; nous ne sommes pas capables d'en faire aujourd'hui. **Ils étaient plus intelligents que nous. Et Moïse était instruit dans toute la sagesse des Egyptiens, au point qu'il pouvait enseigner leurs maîtres…**
>
> ETRE PERSEVERANT VICTORIA BC CANADA Dim 29.07.62
>
> 42. **Moïse, eh bien, était un homme de science. La race égyptienne était le peuple le plus savant du monde entier de l'époque. Mais Moïse pouvait même enseigner la sagesse aux Egyptiens. Et il a essayé sa stratégie militaire pour délivrer les enfants d'Israël.** Cela n'a pas marché. Il a fui. **Lorsque sa stratégie militaire basée sur la science** n'a pas marché, Moïse a fui loin de la présence du

> peuple vers lequel Dieu l'avait envoyé pour le délivrer…
>
> DIEU SE CACHE DANS LA SIMPLICITE
> ALBUQUERQUE NM USA Ven 12.04.63S
>
> 126. **Il a laissé Moïse aller et devenir l'homme le plus instruit de tout le pays. Il pouvait enseigner la sagesse égyptienne. Il était un soldat selon ce que l'histoire nous apprend**. Il connaissait tout dans les moindres détails, comment s'y prendre**. Dieu l'a laissé acquérir cette formation-là pour démontrer qu'on ne peut pas accomplir une oeuvre pour Dieu de cette façon-là**. ***Malgré ses connaissances militaires*****, tout son génie, toute son instruction**, il a amèrement et lamentablement échoué. Dieu l'a laissé faire cela**, Il l'a laissé être instruit et devenir intelligent**. Et alors, ça Lui a pris quarante ans pour l'instruire, et puis quarante ans pour le dépouiller de cela, avant qu'Il puisse l'utiliser. C'est vrai. C'est vrai. Il l'a amené là, derrière le désert, et l'a dépouillé de toute son instruction.

Le Dénombrement comme la Science du Comptage, demeure une Science ancienne qui date de l'Hégémonie Egyptienne (Afrique) sur le Monde entier. Et par là vous pouvez comprendre avec la venue de Joseph en Afrique, cette Science Humaine a fait connaitre ses Limites.

Blaise Pascal et Fermat sont loin d'être des Inventeurs de la Formule du Dénombrement. Remontons à Imhotep, le maitre de la Science Egyptienne : Médecine, Architecture, Mathématiques et autres.

Retenons que Pythagore, Thales et autres sont venues apprendre d'ici en Afrique. L'Afrique demeurera le Berceau de l'Humanité.

Tout n'a été que récupéré et reformulé par la Science des Occidentaux pour en devenir les Propriétaires, ce que je salue aussi au passage.

Kalala Omotundé nous en dit plus ici :

> La documentation historique antique, ne cesse de vanter les mérites des mathématiciens de l'Afrique noire pharaonique, pas seulement pour la construction des pyramides, mais

surtout parce ***qu'ils sont à l'origine de pratiquement tous les théorèmes de mathématique et de géométrie antique***, ce que confirme les plus grands intellectuels de la Grèce antique, qui avoue d'ailleurs avoir découvert les fondements de la civilisation en Afrique.

Ainsi, **Proclus** affirme par exemple que **Thalès** fut le premier à introduire la géométrie en Grèce après l'avoir étudié en Afrique noire pendant plusieurs années : « ***De même est-ce chez les Egyptiens que fut inventée la géométrie. Thalès fut le premier Grec à rapporter d'Egypte cette matière à spéculation*** (1) ».

Son initiation aux mathématiques en Afrique est encore confirmée par **Platon** qui affirme que les mathématiciens kamits (égyptiens) considéraient les grecs qui découvrait alors les éléments de la civilisation, comme des esprits relativement enfantins (2) : « ***Thalès***, *fils d'Examyas, de Milet,* ***Phénicien d'après Hérodote***. *Il porta le premier le nom de Sage. En effet, il trouva que l'éclipse du soleil provient de ce que la Lune lui fait écran ; il fut le premier Grec à découvrir la Petite Ourse, les solstices et la taille ainsi que la nature du soleil. L'eau est le principe des éléments.* ***Il reçut en Egypte l'éducation des prêtres*** ».

Aristote dans Métaphysique, avoue que durant l'antiquité, Kemet (la civilisation égypto-nubienne) était le berceau des arts mathématiques : « ***Aussi l'Egypte a-t-elle été le berceau des arts mathématiques*** ».

En parcourant encore le testament des Grecs, on constate que l'historien Hérodote stipule par exemple que **Pythagore** était **l'un des élèves étrangers préférés des enseignants de l'Afrique pharaonique** tandis que **Jamblique**, biographe et disciple de Pythagore, confirme que ce dernier a **étudié les mathématiques pendant 22 ans** en **Egypte** et **d'autre part, que tous les théorèmes de géométrie repris par les Grecs venaient de Kemet** *(la civilisation égypto-nubienne).*

Tout semble leur donner raison d'autant plus que la seule définition connue des mathématiques durant l'antiquité, figure en en-tête du Papyrus de **Rhind, recopié vers -1 650 de l'ère ancienne africaine** par le **mathématicien Ahmès,** d'après un original qui remonte lui à **-2040 ans**. Cette définition est la suivante : « ***Méthode correcte d'investigation dans la nature pour connaître tout ce qui existe, chaque mystère, tous les secrets*** ».

Ce qui fait dire au professeur Théophile Obenga que (3) : « ***si l'histoire des mathématiques était écrite de façon scientifique****, c'est à dire juste, sereine et objective, au lieu de continuer de parler du "triangle de Pythagore", on parlerait plus correctement du "****triangle égyptien****", ****car les Egyptiens ont connu mathématiquement ce fameux triangle****, sacré à leurs yeux, plus de mille ans avant la naissance du mathématicien grec Pythagore à qui l'on attribue injustement la primauté de la découverte de ce triangle.* ***L'antériorité est africaine, égyptienne*** *(...) Pythagore a étudié en Egypte auprès des prêtres...* ».

Dominique Valbelle, présidente de la société française d'égyptologie, reconnaît à ce titre que (4) : « *Les voyages des Grecs érudits en Egypte commencèrent pendant la dynastie saïte, encouragés par la fondation de Naucratis qui servait de cité d'accueil aux arrivants.* ***Solon fut l'un des premiers à se rendre en Egypte et y a puisé quelques-unes de ses idées politiques.*** *(...) Ce sont les Grecs eux-mêmes qui se réclament des égyptiens pour les mathématiques et l'astronomie* ». A propos de Platon, D. Valbelle poursuit (P. 264) : « ***Le contenu de ses dialogues et les allusions qu'il y fait à l'Egypte sont les meilleures preuves de l'influence qu'ont effectivement eues les sciences et les religions égyptiennes sur l'élaboration de sa pensée philosophique*** ».

En (- 50 à + 125), le grec **Plutarque** dans son « *Traité d'Isis et d'Osiris* », en dévoilant les noms des professeurs africains de tous les Grecs instruits, montre que cela était admis et reconnu par tous, durant l'antiquité européenne : «***C'est ce qu'attestent unanimement les plus sages d'entre les Grecs, Solon, Thalès, Platon, Eudoxe, Pythagore*** *et suivant quelques-uns, Lycurgue lui-même, qui voyagèrent en Egypte et y conférèrent avec les prêtres du pays.* ***On dit qu'Eudoxe fut instruit par Conuphis de Memphis, Solon par Sonchis de saïs, Pythagore par Enuphis l'Héliopolitain .*** *Pythagore surtout, plein d'admiration pour ces prêtres, à qui il avait inspiré le même sentiment, imita leur langage énigmatique et* *mystérieux et enveloppa ses dogmes du voile de l'allégorie. La plupart de ces préceptes ne diffèrent point de ce qu'on appelle en Egypte des hiéroglyphes ».*

Les mathématiciens africains de l'antiquité.

L'idéal civilisationnel de l'Afrique antique reposait sur le fait que Dieu était le seul vrai savant et que les hommes, depuis **Djéhuty**, ne faisaient que découvrir et analyser les lois cachées de la création pour les mettre à profit, en respectant néanmoins les valeurs morales du Créateur, à savoir qu'aucune découverte ne doit être réutilisée pour nuire à la création que le Créateur avait créé par son Intelligence Sia et son Verbe Hou.

Le pillage de la documentation scientifique africaine par l'ensemble des peuples ayant envahi l'Egypte (Grecs, Romains, etc…) **sans oublier la destruction de la bibliothèque d'Alexandrie** mais aussi, **l'absence de nom sur un bon nombre de papyrus de mathématique**, ne nous a pas permis de conserver une très longue liste de noms. Mais ce que nous savons est que l'apport de chacun fut mémorable et que l'eurocentrisme ambiant via sa thèse du « Miracle Grec », se démène tant qu'il peut, pour faire oublier leurs œuvres.

Voilà pourquoi, nous devons célébrer leur mémoire :

- **Djehuty (-5000 ans)** : (Appelé **Thot** ou **Hermès** par les Grecs), **Djehuty est le premier scientifique africain de tous les temps**, de l'aveu même des Grecs. **Divinisé car détenteur de tous les savoirs émanant du Créateur du ciel et de la terre,** c'est lui qui reçu la mission divine d'enseigner ces savoirs **(musique, mathématiques, écriture, spiritualité, etc.)** aux hommes en tenant néanmoins compte de leur haut niveau de sagesse, condition nécessaire à toute initiation aux **sciences en Afrique**.

- **Imhotep (vers -2700 ans)** : Appelé « **Asclépios** » par les Grecs, « **Esculape** » par les Romains, son nom kamit **Imhotep signifie « Celui qui vient en paix ».** S'il est surtout connu pour être le Premier Ministre du pharaon Djoser et **l'inventeur de la médecine**, il convient de ne pas oublier qu'il est **le bâtisseur de la première pyramide à degrés construite en Afrique dans le complexe de Saqqarah**. Ses connaissances en mathématiques et en architecture étaient donc prodigieuses. Il a par exemple été trouvé un document de son époque comportant une courbe avec abscisse et ordonnée.

- **Metjen (vers -2600)** : **Dans son tombeau on retrouve la formule parfaite du calcul de la surface d'un rectangle.**

- **Papyrus de Khaun (vers - 1 900) :** Difficile de ne pas citer ce papyrus de traités de mathématique dont l'auteur reste encore anonyme. **Il contient par exemple, le Calcul du volume d'un grenier cylindrique, dévoile l'existence des fractions mathématiques et diverses notations algébriques**.

- **Papyrus de Berlin 6619 (vers -1900) :** Même si l'auteur reste inconnu ce papyrus nous montre que les Anciens africain maitrisaient déjà la formule de la surface de la sphère, près de deux mille ans avant **la naissance d'Archimède.**

- **Néferhotep (vers – 1800 ans) :** Il a vécu sous le **pharaon Sobekhotep II de la 13ème dynastie** (vers -1800 ans) et est l'auteur du papyrus Boulaq 18 (document administratif et comptable du palais de Thèbes) sur lequel apparaît la première mention du Zéro de l'histoire universelle qu'il nomme, ne l'aveu de l'égyptologue anglais Sir Allan Gardiner, « Néférou ».

- **Ahmès (vers -1650 ans) :** De son vrai nom **« Iah Mès »** à savoir « **Celui que la Lune a enfanté** », Ahmès fut un grand mathématicien kamit (africain). Il est le scribe copiste du Papyrus de Rhind vers -1650 ans, soit un traité **de 87 problèmes mathématiques**. **Ce document africain est resté célèbre car il contient déjà près de 1000 ans avant Thalès et de Pythagore**, *les théorèmes dont ils sont étrangement affublés*. **Ahmès est le premier mathématicien connu au monde à avoir inscrit un cercle dans un carré**. Son papyrus n'était néanmoins qu'une copie d'un document mathématique plus ancien remontant à 2040 avant l'ère chrétienne.

- **Amenemhat (vers -1 567 ans) :** De son vrai nom kamit « **Amen n hat** » à savoir « **Dieu est devant** », il est **l'inventeur de la première horloge à eau nommée Clepsydre** vers -1567 ans. **Fin mathématicien, son invention permettait de mesurer précisément le temps qui s'écoulait (heures, minutes, secondes). Elle était aussi utilisée par les médecins kamits pour prendre le pouls de leurs patients.** C'est ce que fit plus tard le grec **Hérophile d'Alexandrie**, dont l'eurocentrisme dit qu'il fut le premier à prendre le pouls de quelqu'un. C'est bien entendu totalement faux et vérifiable !

- **Sonchis ou Sonkhis (vers -600 ans) :** De son vrai nom kamit « **Se Ankh** » à savoir « **le Vivifiant** », ce grand **mathématicien africain qui enseignait au grand Temple de Saïs** (dit Saou par les anciens africains) eu pour élève l'étudiant grec qui devint par la suite législateur à Athènes, à savoir **Solon** (vers - 600).

- **Enuphis ou Enouphis (vers -500 ans) :** De son vrai nom kamit «**Ounefer** » à savoir « **l'Etre parfait** », ce mathématicien africain qui enseignait au Grand Temple d'Iounou à savoir Héliopolis, eu aussi pour élève, **l'étudiant grec Pythagore de Samos** (vers – 540 ans).

- **Conuphis ou Chounouphis (vers -400 ans) :** De son vrai nom kamit « **Knoum Néfer** » à savoir « Dieu est parfait », ce mathématicien africain qui enseignait au Grand Temple de « **Men Nefer** » (**Memphis**), fut entre autre, le professeur du mathématicien grec **Eudoxe**. Comme tous les savants kamits, il n'enseignait pas qu'une seule discipline.

- **Sechnouphis (vers -400 ans) :** De son vrai nom kamit « **Se Ankh Nefer** » c'est à dire (le Parfait Vivifiant), ce savant et philosophe africain qui enseignait au grand Temple d'Iounou (à savoir Héliopolis) eu aussi pour élève, celui qui deviendra le célèbre philosophe **Platon** (- 428 ans).

- **Pammènès (vers -400 ans) :** Ce mathématicien kamit du grand Temple de « Men Nefer » (Memphis) eu pour élève le géomètre grec **Démocrite d'Abdère** (vers -400 ans).

- **Euclide (vers - 300 ans) :** Auteur d'un traité de mathématique qui prouve l'immense savoir acquis par l'Afrique ancienne dans ce domaine, Euclide fut vite décrit comme grec, ce qui est loin d'être une certitude. Il est né et n'a vécu qu'en Afrique. Ses sources égyptiennes apparaissent au grand jour, comme en témoigne le professeur Bertrand Russel dans son ouvrage « Principles of mathematics » ou encore Plocus dans ses « Commentaires sur Euclide ».

Ainsi il n'y a rien de nouveau sous le soleil tout ce qui a été, est et tout ce que est, est tout ce que sera, par conséquent, Moise ne pouvait que faire Usage les Mathématiques apprises en Egypte pour pouvoir opérer le Dénombrement du Peuple. Cette formule du genre inventé par Blaise Pascal n'est rien d'autre que la Formule déjà Inventé par des Savants Kamit tel que :

- **Djehuty est le premier scientifique africain de tous les temps.**

- **Imhotep (vers -2700 ans) inventeur de la médecine**
- **Metjen (vers -2600)** : **Dans son tombeau on retrouve la formule parfaite du calcul de la surface d'un rectangle.**

- **Ahmès (vers -1650 ans) :** De son vrai nom « **Iah Mès** »

Il est le scribe copiste du Papyrus de Rhind vers -1650 ans, soit un traité **de 87 problèmes mathématiques.**

- **Amenemhat (vers -1 567 ans) :** De son vrai nom kamit « **Amen n hat** » **Inventeur de la première horloge à eau nommée Clepsydre** vers -1567 ans. **Fin mathématicien, son invention permettait de mesurer précisément le temps qui s'écoulait (heures, minutes, secondes**).

- **Enuphis ou Enouphis (vers -500 ans)** eu aussi pour élève, **l'étudiant grec Pythagore de Samos** (vers – 540 ans).

- **Sechnouphis (vers -400 ans) :** De son vrai nom kamit « **Se Ankh Nefer** » eu aussi pour élève, celui qui deviendra le célèbre philosophe **Platon** (- 428 ans).

De même que la **Loi de Causalité,** la **Loi de l'Amour Divin** ; la **loi des nombres** peut être considérée comme une Loi Cosmique fondamentale.

Cette Loi des Nombres est en réalité liée à la **Loi Cosmique** selon laquelle la Lumière Cosmique régit la Vie Humaine par 4 Rayons Cosmiques reparti sous une échelle de 4 Niveaux d'Age.

Cette Mathématique de la Lumière Cosmique, régissant la Vie Humaine, s'échelonne de la Manière suivante:

- ✓ **A 25 ans** : le premier Rayon Cosmique Disparait, la Courbe de Vie de l'Humain commence à tendre vers la Mort
- ✓ **Entre 35 et 40 ans** : le 2ème Rayons Cosmique Disparait, la Vie de l'homme tend de plus en plus vers la Tombe et cependant il ne prend point garde au regard du Sauveur
- ✓ **A 60 ans : le 3ème Rayon Cosmique** Disparait et l'insensé devient le salut de l'Homme

A 60 ans et plus, le 4ème Rayon Cosmique disparait et tout ce que tient l'homme c'est la Fuite de la Grace Divine appelé le Hasard.

Au-delà de leur aspect pratique, les nombres permettent en effet d'approcher la structure de l'univers : ils portent une valeur symbolique profonde et véhiculent la force logique. **Ils sont Omniprésents dans la Vie de l'Humain et partout ailleurs.**

Les nombres soutiennent le raisonnement : les mathématiques, à travers l'**arithmétique** et la Géométrie, et **sont la science de l'ordre**.

Les nombres ont donc une valeur concrète (ils décrivent la matière) aussi bien qu'**Omniprésent** (ils fondent l'argumentation et soutiennent les idées).

Cependant, Dieu, le Christ demeure le seul vrai Savant, les hommes ne font que découvrir et analyser les lois cachées de la création pour les mettre à profit. Toute cette Connaissance des choses Divines et secrètes prennent leur Origine de l'Intelligence et de sa Parole (le Logos) Créatrice à savoir Christ le Seigneur et Sauveur par qui toutes choses subsistent jusqu'à maintenant.

Je voudrais attirer l'attention sur l'alphabet Numérique du Créateur, qui est en réalité différent du langage alphabétique Numérique des Hommes.

Alphabet Divin commence par 0 et se limite à 8 :

- **0 ; 1 ; 2 ; 3 ; 4 ; 5 ; 6 ; 7 ; 8**

Le Chiffre 9 ne figure pas dans l'Alphabet Numérique du Divin mais il est utilisable comme un chiffre arbitraire ou Facultatif.

De même que son porteur, Lucifer demeure facultatif dans le plan de la rédemption. Le nombre 9 n'est que n'est en réalité que serpent ancien : L'homme sauvage, l'homme sans aucune âme. Il est un serpent avec une tête avec le reste du corps semblable à une corde.

L'Ensemble de Définition de ses Nombres du Multivers et de l'Univers est le Grand P, incluant toute la Mathématique Divine et Demeure la Plus Parfaite.

> JEHOVAH-JIRE 2 LOUISVILLE MS USA Ven 03.04.64
>
> *157. **Vous dites : «Les chiffres ne signifient rien.» Alors, vous ne connaissez pas la mathématique de votre Bible**. **Voyez-vous? Alors, c'est sûr que vous allez mal comprendre Cela. Certainement**.*
>
> JEHOVAH-JIRE 2 LOUISVILLE MS USA Ven 03.04.64
>
> *158. Dieu est «parfait» en trois, «adoré» en sept, «mis à l'épreuve» en quarante, et «les jubilés», c'est cinquante; oh! tout ce que vous désirez accomplir. **Toute la math–la Bible entière marche selon une mathématique**.*
>
> LE SEPTIEME SCEAU JEFFERSONVILLE IN USA Dim 24.03.63S
>
> 378. **Il y a eu un triple dessein dans toutes ces choses. Voilà qui nous ramène à un trois, et à un sept, de nouveau, vous voyez, Sept Sceaux, Sept Coupes**, et ainsi de suite. Or, **les trois et les sept, ce sont les nombres de Dieu dans Sa mathématique, lorsqu'Il révèle Sa Parole.**

Ces nombres ou chiffres peuvent être classés soit :

- ✓ **En Paire ou Impaire**
- ✓ **En Masculin ou Féminin**
- ✓ **En Nombre premier ou non premier :**

Pour les Nombres Premiers on aura : 2, 3, 5, 7

Nombres Non premier : 0, 1, 4, 6, 8

Nombre Paire et Féminin: 2, 4, 6,8

Nombre impaire et Masculin : 1, 3, 5, 7,9

Si l'on prend conscience de la loi du genre, l'on verra que cette loi ne s'étend pas seulement à la matière mais les nombres qui sont intangibles obéissent aussi à l'une de ces 7 lois Universelles.

C'est pourquoi en l'appliquant aux nombres, cela devient plus clair et aisé à en dégager leur genre. Vous aurez certainement lorsqu'on avancera plus profondément dans les sujets à venir, cette science qui permet de les classer.

Pourquoi les nombre 0 et 1 n'est pas premier ?

Un **nombre** naturel est **premier** s'il est plus grand que **1** et qu'il **n'est** divisible que par **1** et par lui-même. » « Donc **1 n'est pas premier** » et 0 aussi n'est pas premier

Il y a une Loi qui dit, lorsqu'une Civilisation meurt, ces Connaissances sont relayées à ou acquises par la Civilisation suivantes, qui devient la Plus Grande et forte. Et c'est cela qui a donné Naissance à la Connaissance Européenne (Grec, Romain, française…)

Pour **Platon**, les nombres régissent le monde des idées, le seul qui puisse permettre d'accéder à la **Réalité** et à la **Vérité.** L'**idéalisme** de Platon est une invitation à nous écarter de nos perceptions sensibles, sources d'erreur et d'illusion, pour entrer dans le domaine des « idées vraies ».**Les nombres seraient donc un moyen d'accéder au plus haut degré de la** Connaissance **: ils donneraient la clé de l'ordre intérieur et de l'harmonie cosmique.**

Cette Hypothèse de Platon n'a rien de nouveau sachant qu'il fut émerveillé par la Science et sagesse Africaine, trouvant que la Mathématique Africaine **était le moyen d'accès au plus degré de Connaissance, il s'est fait élève et étudiant en Egypte,** au grand Temple d'Iounou (à savoir Héliopolis) **pour apprendre les**

Mathématiques Africaines à travers le Professeur **Sechnouphis (vers -400 ans) :** De son vrai nom kamit « **Se Ankh Nefer** ». Il deviendra le célèbre philosophe **Platon** (- 428 ans).

Notons que **la géométrie** est la Science de l'espace, la Schematisation du langage des Nombres, l'**arithmétique** est la science des nombres *dans leur Role algébrique*.

Les nombres peuvent être définis comme des symboles décrivant une unité, ou une somme d'unités. Leur existence se fonde sur le constat d'une séparation au sein de la matière, *ce qui introduit la notion de* **Dualité** *au sens de* ***pluralité,*** *mais une dualité qui retrouve son sens dans l'****unité.***

Les nombres sont des concepts intangibles qui peuvent être considérés comme absolument vrais. **Ils peuvent être vus comme la racine secrète de la création, la semence divine**, la **Parole ou le Logos, le Christ**: l'expression accessible, intelligible de la pensée de Du Christ.

Pour certains philosophes de l'Antiquité, tout est nombre**. Pour Galilée, la nature est un livre écrit en langage mathématique.** Ainsi les nombres seraient les **principes éternels de la réalité et de la vérité**. Plus que **des expressions arithmétiques ou des quantités**, ils exprimeraient **des qualités d'ordre divin.**

Nous l'avons vu, les nombres aident à approcher la structure du **Cosmos.** ***C'est l'idée que l'*****ordr*****e existe au sein du chaos apparent*** : ainsi, ***les nombres exprimeraient l'ordre caché du monde, la loi cosmique fondamentale inscrite dans toute chose***.

Le ProphéTIC William Branham n'en reste pas non plus en marge de cette Idée d'ordre qu'Apporte le langage des Nombres en toute chose.

UN PARADOXE TAMPA FL USA Sam 18.04.64D

10. Jésus vient trois fois. Une fois Il est venu pour racheter Sa femme. La fois suivante Il vient pour L'emmener. Et la fois suivante Il revient avec Elle : trois venues. Voyez-vous? Tout est comme Père, Fils et Saint-Esprit (Voyez-vous?) tout, tout va par trois. **La mathématique de la Bible est parfaite. Si vous suivez correctement ces mathématiques, vous pouvez garder votre histoire dans l'ordre**. Voyez-vous? **Mais si vous sortez de ces mathématiques, vous aurez une... dans votre tableau une vache qui broute au sommet d'un arbre**. Ainsi cela ne va pas– cela ne va pas paraître juste. Voyez-vous? Restez dans les mathématiques (Voyez-vous?) de la Bible, et placez la chose correctement.

Image 12

Qu'est-ce que pourrait nous empêcher de faire le dénombrement des Nombres selon le langage Divin si Platon nous dit que tout l'Univers est régit par la Loi des Nombre? J'aimerais pousser le Pion plus loin jusqu'au Multivers.

Alors bootons avec l'interprétation des nombres selon l'Alphabet Divin:

A. le **chiffre 0 explique, le Néant, le Vide, le Processus du Kenossement. L'Eternité s'incarnant dans le Fils Parole ou Lumière**.

Le Vide n'existait pas, même le Vide ou le néant fut créé après le Logos, lorsque celui qui existe par lui-même se vida pour entrer dans la forme de Lumière alors l'Espace, le Vide et le Néant fut. Ce Processus fut appelé le Kénos. Le 0 est la Création du Vide ou du Néant. Ceci explique la Science de la Divinité pour ceux qui veulent comprendre que Dieu n'est pas 1 comme un seul doigt mais il est 1 comme 2 Doigts sont collés : l'invisible dans le Visible, le corps et l'Ombre... c'est pourquoi **Infini fois 0 = 1 / ∞x 0 = 1**

Le 0 est la source de tout, l'intention divine, la volonté créatrice qui précède la manifestation.

Zéro est **un chiffre parfait.** Sur un plan ésotérique et spirituel, il renvoie directement au mystère de l'Univers et à son caractère ineffable. En effet, nous verrons que 0 est à la fois :

- Tout et rien,
- Vide et néant,
- Début et fin,
- fini et infini.

QUESTIONS ET REPONSES SUR LA GENESE
JEFFERSONVILLE IN USA Mer 29.07.53

27. Bon, remarquez maintenant, il n'y a rien, il n'y a que le vide. Il n'y a pas de lumière, il n'y a pas de ténèbres, il n'y a rien, il semble simplement qu'il n'y a rien. Mais là-dedans, il y a un grand Etre surnaturel, Jéhovah Dieu, Qui remplissait tout l'espace, en tout lieu et en tout temps. Il existait d'éternité en éternité, Il est le commencement de la création. C'est ça Dieu. On ne peut rien voir, on ne peut rien entendre, il n'y avait pas de mouvement d'atome dans l'air, rien, pas d'air, rien, et pourtant Dieu était là. C'était Dieu. (Maintenant suivons attentivement pendant quelques minutes, et au bout de

quelque temps...) Personne n'a jamais vu Cela. Bon, ça, c'est le Père. C'est Dieu, le Père.

QUESTIONS ET REPONSES SUR LA GENESE
JEFFERSONVILLE IN USA Mer 29.07.53

28. Remarquez maintenant. **Puis quelques temps après, je commence à voir une petite Lumière Sacrée commencer à prendre forme, comme un petit halo**, ou quelque chose comme cela. Vous ne pourriez La voir qu'avec des yeux spirituels, maintenant.

QUESTIONS ET REPONSES SUR LA GENESE
JEFFERSONVILLE IN USA Mer 29.07.53

31. **Maintenant, Dieu donna Lui-même naissance à ce Fils Qui existait avant qu'il y ait même un atome dans le... ou de l'air pour faire un atome**. C'était... Voyez, Jésus a dit : «Glorifie-Moi, Père, de la gloire que Nous avions avant la fondation du monde.» **Vous voyez, tout là-bas en arrière...**

B. Le **chiffre 1** représente le point, le centre, le principe premier, la Grande Source, l'unité, ou encore cette force qui rassemble tout chose en vue d'être Manifestée, la Puissance, et qu'on pourrait appeler **Amour**, et aussi à partir duquel vient le 2ème Commencement qui serait créée par le 1er Commencement.

1 est le Chiffre du **Logos** : créons l'homme à notre Image… toute la suite de la création vient du chiffre 1.
La Dualité de l'Etre Eternel. L'Essence dans la Forme Lumière ou l'Essence dans le Moteur(Logos)

1est le Fondement des Mondes, il est la Base, il est la Foi,

- le **1** représente le monde créé, déployé, manifesté : le Tout harmonieux et cohérent.

*Or **la Foi** est une ferme assurance des choses qu'on espère, **une démonstration de celles qu'on ne voit pas**.*
*C'est par la **Foi que nous reconnaissons que les mondes ont été formé (Version Darby)** par la Parole de Dieu (Logos), en **sorte que ce qu'on voit n'a pas été fait de choses visibles**.*
Hébreux 11.1&3

QUESTIONS ET REPONSES SUR LA GENESE
JEFFERSONVILLE IN USA Mer 29.07.53
34. **Et quand Il eut dit cela, un atome éclata et le soleil vint à l'existence. Il a tourbillonné pendant des centaines de millions d'années, formant des scories, brûlant, prenant la forme qu'il a aujourd'hui, brûlant toujours, faisant encore éclater des atomes.** Si jamais on faisait exploser une bombe atomique, la chaîne atomique prendrait... Cette terre deviendrait comme le soleil, là-haut, explosant et détonnant tout simplement. Et si vous vous tenez sur une autre planète et que de là vous regardiez ici, ceci paraîtrait comme un autre soleil où les atomes seraient en train de brûler cette terre, si jamais cette réaction en chaîne venait à se déclencher, elle se mettrait à tourner, à tourbillonner comme cela. Ces grandes flammes dont la chaleur atteint des milliards de degrés Fahrenheit s'échappent de ce soleil jusqu'à des millions et des millions de kilomètres
.
QUESTIONS ET REPONSES SUR LA GENESE
JEFFERSONVILLE IN USA Mer 29.07.53
35. Bon, suivez attentivement ceci maintenant. Que c'est beau! Bon, **Il fit le soleil**. Et alors, **la première chose, vous savez, un gros morceau de scorie pesant à peu près–à peu près gros comme cette terre**, s'en est détaché, faisant «phiou!» Bon, **alors ce Logos, le Fils de Dieu, l'observe. Il le laisse tomber pendant une centaine de million d'années, puis Il l'arrête. Puis, un autre morceau se détache, et Il le laisse voler–tomber pendant des millions d'années, puis Il l'arrête.** Nous sommes là maintenant en train de voir cela venir à l'existence.

QUESTIONS ET REPONSES SUR LA GENESE
JEFFERSONVILLE IN USA Mer 29.07.53
37. Alors, quand la science va rechercher ces projectiles qui tombent, cela ne réfute pas Dieu, pour moi, cela ne fait

que Le prouver. Voyez-vous? Ça rend simplement la chose plus évidente. Maintenant, remarquez donc tous ces projectiles qui s'étaient détachés de ce soleil brûlant, et qui sont allés là dans l'espace, bien sûr, ils se sont regroupés; et la première chose, vous savez, cela commence à devenir un iceberg.

Image 13

*Cette photo du Prophète William Marrion Branham avec cette Lumière à dimension Physico-Spirituel, est la Première création, qui commença comme un point. **C'est cela le Logos**.*

C. Le **chiffre 2** représente la ligne (ce qui sépare), la dualité, mais est aussi ce qui relie et met à égalité : l'éternité dans la Lumière. **C'est cela le chiffre de la Puissance**. C'est **l'Eternité dans la Lumière ou Logos,** qui a donné la Puissance pour que toute chose soit créé. C'est ce dont j'appelle le 2ème Commence.

C'est pourquoi Jesus est égal au Père :

> *Dieu, dans ces derniers temps, nous a parlé par **le Fils, qu'il a établi héritier de toutes choses, par lequel il a aussi créé les mondes,***
>
> *Hébreux 1.2*
>
> *Ayez en vous les sentiments qui étaient en Jésus Christ,*

> ***lequel, existant en forme de Dieu, n'a point regardé comme une proie à arracher d'être égal avec Dieu,***
> *Philippiens 2.5-6*
>
> QUESTIONS ET REPONSES SUR LA GENESE
> JEFFERSONVILLE IN USA Mer 29.07.53
> 35. Bon, suivez attentivement ceci maintenant. Que c'est beau! Bon, **Il fit le soleil**. Et alors, **la première chose, vous savez, un gros morceau de scorie pesant à peu près–à peu près gros comme cette terre**, s'en est détaché, faisant «phiou!» Bon, **alors ce Logos, le Fils de Dieu, l'observe. Il le laisse tomber pendant une centaine de million d'années, puis Il l'arrête. Puis, un autre morceau se détache, et Il le laisse voler–tomber pendant des millions d'années, puis Il l'arrête.** Nous sommes là maintenant en train de voir cela venir à l'existence.
>
> QUESTIONS ET REPONSES SUR LA GENESE
> JEFFERSONVILLE IN USA Mer 29.07.53
> 41. Et remarquez maintenant, mais maintenant, quand ceci fut découvert pour la première fois, quand Jésus... **Regardez maintenant le petit halo là-bas. Maintenant je peux Le voir se diriger vers cette terre, se mettre au-dessus d'elle et commencer à la faire avancer vers là, près du soleil**. Ce n'est rien qu'une grosse boule de glace. Et quand elle commence à fondre, alors ces énormes glaciers commencent à se détacher là dans les pays nordiques, et à descendre. Et lorsque cela se produisit, cela forma le Kansas et le Texas et tous les autres endroits là-bas, et cela continua jusqu'au Golfe du Mexique. Et la première chose, vous savez, c'est que tout était recouvert d'eau.

Le Nombre 2 explique mieux la Parité dans la Création au niveau des mammifères et dans l'Homme.

Le nombre 2 exalte la Puissance de Dieu et décrit mieux aussi le Principe de la Divinité :

- ✓ Moi et mon Père nous sommes 1.
- ✓ Je suis dans le Père et le père est en moi.

Ainsi dit Jésus-Christ le Fils Unique. Vraiment un etre en deux ou un être Double.

Dans l'Ordre de la Création, Chaque animal se dirigea par pair pour se fait nommé par Adam.

Cependant Adam était 1 mais à la fois Paire car sa parité était voilée en lui. Dieu le créa homme mais ayant en lui **2 esprits : Masculin et Féminin.** Nous avons aussi vu cela chez Jesus, lorsqu'il fut crucifié à la croix, après que l'eau le sang et l'esprit sortirent de lui, il donna naissance à l'Epouse de Christ.

> *God created man in his own image, in the image of God created he him ; **male and female created he** them.*
>
> *(King James Version)*
> ***Genesis1 :27***

Le nombre 2 est fortement lié à la Femme dans la mesure ou tout nombre Multiple de 2 ou divisible par 2 devient un Nombre pair. Nombre de femme. C'est pourquoi il a été fait mention des Nombre Pairs et impairs et des nombres Masculin et féminins un peu plus haut. Cela me parait plus limpide lorsque la Bible déclare que c'est à cause de l'Homme que la femme a été Formé et elle demeure une aide pour l'homme.

Adam nommait les animaux 2 à 2, il venait en couple devant lui, sauf que lui était 1 en corps mais 2 dans l'esprit. La Dualité de l'Unité. **L'Omniprésence des Nombre gouvernant l'Humain**.

D. Le Nombre 3 Exprime la Sagesse, l'Intelligence et la Connaissance Divine.

Selon la Pyramide de la statue de l'homme parfait, le ProphèTIC William Marrion Branham en ressort et ordonne-les vêtues énumérées par Képhas (Saint Pierre fils de Simon). Et selon cet Ordre établi, j'en dégage aussi que le Chiffre 3 demeure le nombre lié à la Connaissance, à la Sagesse et à l'Intelligence Divine. Commençant de la Base de la Pyramide vers le Haut, le Nombre 3 explique le Dessein de Dieu caché dans son arrière-pensée avant même la fondation du monde, et qu'il n'a jamais fait connaitre à l'Homme. Ce nombre traduit la perfection de Dieu en 3 formes et non en 3 Dieu : Père, Fils Saint Esprit.

Ce même chiffre exprime le dessus du cœur en image ou en photo. Selon sa position renversable horizontale

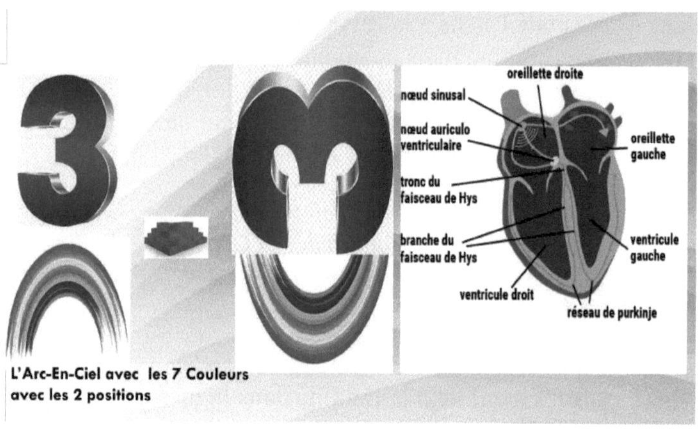

Image 14

Nombreux analystes n'ont souvent pas grandes choses à dire sur ce Nombre, c'est parce qu'il exprime en réalité la Perfection et la Sagesse de Dieu (Jésus-Christ).

Cependant, il a été demandé à Job s'il avait de la Sagesse pour lire et comprendre la Bible Zodiacale ou Céleste ?

> ***Noues-tu*** les liens des **Pléiades**, Ou **détaches-tu** les **cordages de l'Orion**?
> **Fais-tu paraître en leur temps les signes du zodiaque**, Et ***conduis-tu la Grande Ourse avec ses petits?***
> ***Connais-tu les lois du ciel?*** **Règles-tu son pouvoir sur la terre?**
>
> *Job 38.31-34*

La Réponse à ces Interrogations vis-à-vis de Job, ne pouvait qu'émaner de la sagesse et Intelligence Divine lié au Nombre 3. Car le nombre régissant le temps est rattaché au Nombre 12 c'est pourquoi on a :

- ✓ 12 Signes du Zodiaque : Pléiades ; Orion ; *Grande Ourse et ses petits?*
- ✓ 12 Planètes Solaire
- ✓ 12 heures de la Journée
- ✓ 12 heures de la soirée,
- ✓ 12 Mois de l'année
- ✓ 12 pierres de Naissance

et de par la réduction Théosophique de ce nombre 12 on obtient 3.

Le nombre 12 demeure le principe de la division du temps et aussi La Clé de la Connaissance de l'Intelligence des Temps. C'est pourquoi le temps étant une constante se subdivise en 3 :

Passé-Présent-Futur

Sans toujours ignorer que la réduction du 12 donne 3.

Il a été dit aussi à Abraham de faire le dénombrement des Etoiles ce qui exigeait la Connaissance des Pouvoirs du Ciel. D'où à ne pas écarter la connaissance de l'Intelligence du Temps:

- ✓ ***il dit: Regarde vers le ciel,***
- ✓ ***et compte les étoiles***

or le seigneur connait tous le nombre des Etoiles et leurs noms cependant l'homme ne fait que spéculer là-dessus.

C'est ici l'un des Trésors du ciel proposé au Jeune Homme Riche en Marc10 :17-21 dont il a rejeté.

L'astronomie est mise en question ici pour comprendre les phénomènes célestes, ce qui demandait de la Sagesse et de l'Intelligence, qui n'est en réalité que la Science des Saints alors que la première Bible fut la Bible Céleste avec la Constellation des 12 signes du Mazzarot.

> *Et après l'avoir conduit dehors, il dit: Regarde vers le ciel, et compte les étoiles, si tu peux les compter. Et il lui dit: Telle sera ta postérité.*
>
> *Genèse 15.5*

> QUESTIONS ET REPONSES SUR LA GENESE
> JEFFERSONVILLE IN USA Mer 29.07.53
>
> 36. Il a donc quelque chose dans Sa pensée, et que fait-Il? Il écrit Sa première Bible. La première Bible que l'homme ait jamais consultée, c'était les étoiles; le zodiaque. Et c'est un parfait... juste... Il concorde avec cette Bible-ci. **Le premier signe du zodiaque est la vierge. Est-ce juste? Quel est le dernier signe du zodiaque, Léo, le** lion. **A Sa première venue, Jésus vint par une vierge; la seconde fois, Il vient comme le Lion de la tribu de Juda**. Voyez-vous? **Il a écrit tout cela dans le ciel, l'âge du cancer, et ainsi de suite. Il a donc placé tout cela dans le ciel, a déployé cela là, tous ces météores, ces morceaux de terre ou de soleil, suspendus là**.

Les douze **constellations** du zodiaque **sont** : le Bélier, le Taureau, les Gémeaux, le Cancer, le Lion, la Vierge, la Balance, le Scorpion, le Sagittaire, le Capricorne, le Verseau, et les Poissons qui achèvent le cycle.

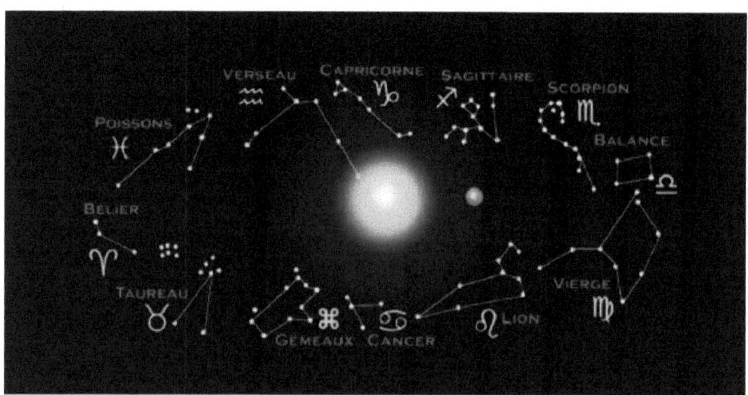

Image 15

Selon la réponse du créateur à Job, vous remarquerez que la Sagesse et l'intelligence Proviennent du Cœur, et le Divin le souligne tellement si bien que n'importe quel Innocent et Simple pourrait y fait attention. 3 est le nombre relié à l'organe du cœur comme nous le démontre la forme de cet organe. C'est pourquoi il est dit en Psaumes 90 :12 dont 90+12 =102 dont 1+0+2 = 3, qui enseigne le dénombrement des Jours de vie de l'Humain en rapport avec la sagesse s'appliquant aux cœurs pour y parvenir

> ***Qui a mis la sagesse dans le coeur, Ou qui a donné l'intelligence à l'esprit?***
>
> *Job 38.36*
>
> *Accorde donc à ton serviteur* ***un coeur intelligent*** *pour juger ton peuple, pour discerner le bien du mal ! Car qui pourrait juger ton peuple, ce peuple si nombreux ?*
>
> *1Rois 3 : 9*
>
> **1Rois 3 : 9= 3+9 = 12 = 1+2= 3**

Avec toutes ces démonstrations, ne serons-nous pas à mesure de déclarer comme Isaac NEWTON : ***''Dieu créa toue chose par des chiffres, des Pois et des Mesures''***

E. Le **chiffre 4** est lié à la Terre. Il évoque la Multiplication ou la Fécondité : la Fertilité des œuvres Botaniques en rapport avec la Terre. C'est pourquoi, cela se fait voit à la 4ème Parole Prononcée ou le 4ème Logos parmi les 10 Paroles Créatrices : ***« Puis Dieu Dit ».*** La Terre et les plante toutes Concernées.

4 étant le chiffre Lié à la Terre, nous donne la forme de la Terre. Le Carré.

Le nombre 4 évoque L'Ordre et l'Equilibre : la **Tempérance** ou le **self Contrôle**, qui est l'une des vêtues cardinales de la Pyramide pour la Stature de l'Homme Parfait comme Pierre l'a énuméré dans son Epitre.

Le Prophète William Branham l'a ordonné dans la Pyramide et maintenant voici que moi aussi j'affecte à cette vêtue la Valeur 4 ou la Position 4ème.

Le nombre 4 correspond aux quatre mères d'Israël (Sarah, Rebecca, Rachel et Léa) : c'est **la matrice(Mternité)** et la fertilité. Et c'est ce que j'ai évoqué un peu plus haut selon *Genèse 1 :10-12*

Le 4 étant lié à la Terre, donne à la terre, sa forme géométrique demeure le Carré. Le nombre 4 évoque aussi la protection, l'organisation, l'équilibre et l'Ordre.
Méditons la déclaration du ProphéTIC William Marrion Branham :

> CHRIST EST REVELE DANS SA PROPRE PAROLE JEFFERSONVILLE IN USA Dim 22.08.65M
> 62. Or, vous ne pourriez obtenir rien d'exact dans ce sur quoi les médecins s'accorderaient; même maintenant, on ne peut rien obtenir d'eux. ***Vous ne pouvez rien avoir d'exact dans la science aujourd'hui***.
> Maintenant, vous savez, il y a quelque temps, on nous a dit que al... que, l**orsque la Bible déclare qu'il a vu quatre anges se tenant aux quatre coins de la terre**, que c'est impossible, puisque la terre est ronde. Mais la Bible a bien dit: «Quatre coins»! Eh bien, à présent, vous avez vu, il y a deux semaines, cela fait trois semaines que les journaux ont publié cet article**: Ils ont découvert que le monde est carré.** Combien ont vu cela? Certainement, voyez-vous? J'ai tout copié, et j'attends juste que quelqu'un dise quelque chose à ce sujet.

Le Nombre 4 porte quelques-unes des **lois universelles fondamentales** :

- *la loi de correspondance,*
- *la **loi des cycles**,*
- *la loi d'équilibre,*
- *la loi d'harmonie*

Pour pouvoir apporter l'Equilibre, la Protection au jardin d'Eden, il a fallu au créateur de mettre un fleuve à 4 branche :

Le nom du premier est ***Pischon***
Le nom du second fleuve est ***Guihon;***
Le nom du troisième est ***Hiddékel***
Le quatrième fleuve, c'est ***l'Euphrate***

| ***Genèse 2 :8-15.***

Pour la protection de son Trône en Apocalypse, il y a 4 êtres vivants qui l'entourent émettant l'appel pour interpeler et appeler l'homme à la vigilance et à considère les œuvres du christ contenu dans les 4 premier sceaux.
Pour une délivrance complète, lorsque les 3 enfants Israelites étaient jetées à mort dans la fournaise ardente au jour du Roi Nebucadenestar, le créateur lui-même fut la 4ème personne pour leur apporter la délivrance et sécurité.

Le 4 est stabilité et **symétrie**. **Il renvoie à des éléments concrets et observables :**

- les quatre directions cardinales,
- les **quatre éléments alchimiques**: l'air, le feu, la terre, l'eau,
- les quatre **cycles :**
    - le cycle de l'**Eau** (liquide-solide-gazeux-Sublimation),
    - le cycle de la **Lumière** (aurore, **zénith**, crépuscule, nuit),
    - le cycle de l'**Air** (oxygène, dioxyde de carbone ; inspiration, expiration),
    - le cycle de la **Terre** (vie et mort de la matière organique).

Le nombre 4 est fortement lié à la Personnalité selon la Numérologie, stipulera ceci : symbolise une réalisation concrète, les fondations et la matière. Vous possédez sans doute de très bonnes capacités à construire et à réaliser un projet, le sens de la persévérance et de l'ordre. Le 4 est assimilé à la Terre et donc, profondément lié à l'aspect matériel des choses.

> ***Dieu dit: Que les eaux qui sont au-dessous du ciel se rassemblent en un seul lieu**, et que **le sec paraisse**. Et cela fut ainsi.*
> ***Dieu appela le sec terre**, et il appela l'amas des eaux mers. Dieu vit que cela était bon.*
> ***Puis Dieu dit: Que la terre produise de la verdure**, de l'herbe portant de la semence, des arbres fruitiers donnant du fruit selon leur espèce et ayant en eux leur semence sur **la terre**. Et cela fut ainsi.*
> ***La terre produisit de la verdure, de l'herbe portant de la semence selon son espèce**, et des arbres donnant du fruit et ayant en eux leur semence selon leur espèce. Dieu vit que cela était bon.*

Genèse 1.9-12

C'est pourquoi le nombre 4 subdivise le tempérament des humains pour qu'il ait équilibre dans la biodiversité :

- ✓ La **personne Colérique**
- ✓ La **personne Mélancolique**
- ✓ La **personne Sanguine**
- ✓ La **personne Flegmatique**

- La **personne colérique** est passionnée, ambitieuse, audacieuse et aime être un **leader** avec souvent un ascendant sur les tempéraments flegmatiques. Ce profil, qui est facilement fâché ou de mauvaise humeur, peut se montrer mesquin et méfiant

Marqué par Élément : **FEU/** **lié à la bille comme organe**

- La **personne mélancolique** est réservée, anxieuse et malheureuse. Souvent agréables et attentionnés, les profils mélancoliques peuvent s'avérer très créatifs mais aussi excessivement concernés par la tragédie humaine, ce qui les conduit à déprimer. Le **mélancolique** est une personne réfléchie. Qu'il soit homme ou femme, il prend tout au sérieux et sa vie est soumise à l'ordre, à la méthode et à l'appréciation de la beauté et de l'intelligence. Il ne se précipite pas à la recherche de réjouissances, mais **analyse** comment il pourrait le mieux organiser sa vie

Élément : **LA TERRE lié aux nerfs comme Organe**

- La **personne sanguine** est joyeuse, avide et optimiste. Elle peut-être rêveuse au point de ne rien accomplir et être aussi impulsive, agissant de façon imprévisible. C'est une personnalité qui comme le flegmatique a beaucoup d'amis. Chez le **sanguin**, les émotions sont à fleur de peau. Il est démonstratif et transforme chaque tâche en une partie de plaisir.

Marqué par Élément : **AIR / lié au sang comme liquide Organique**

- La **personne flegmatique** est calme, fiable, réfléchie. Leur personnalité réservé et timide peut souvent inhiber les autres tempéraments comme le sanguin. Elles sont souvent très cohérentes, détendues et observatrices

- Élément : **L'EAU/ lié au liquide organique : Crachat-Mucosité Lymph**

Les **émotions fortes** (mélancolique et colérique)

Les **émotions faibles** (flegmatique et sanguin).

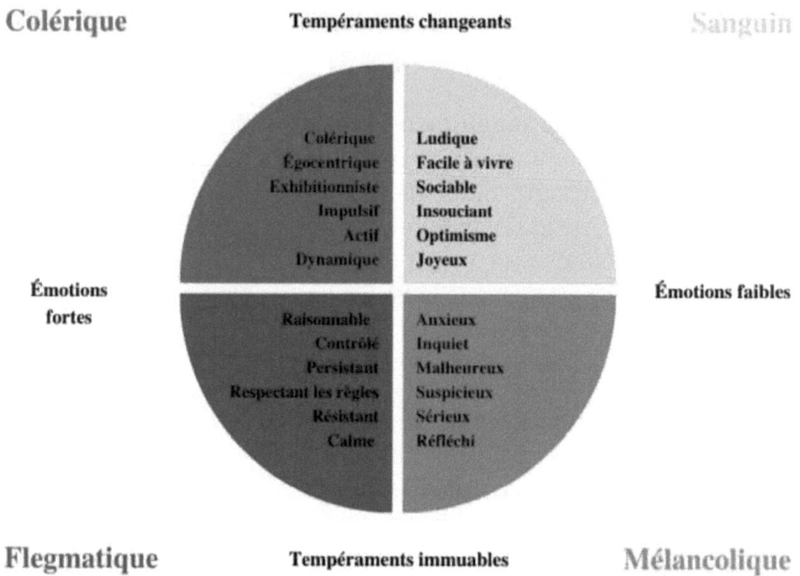

Image 16

Par leur langage symbolique, les nombres éclairent les grandes questions métaphysiques, telles que **la matière, l'esprit et le Divin**, ou encore **l'unité et la dualité.**

L'équilibre et la délivrance qu'évoque le nombre 4 est encore beaucoup plus profond que vous pourrez l'imaginer.

Il est la solution de la Délivrance pour le monde des humains en échappant aux Catastrophes de la 3ème Guerre Mondiale, qui balayera toute la Terre avec les armes Nucléaire de la Russie et des autres Nations Puissantes.

Dieu sachant qu'il aime tout un chacun et que son but est de sauver l'homme, il envoie un Messager Prophète dans le 4ème Chapitre de

Malachie 4 pour le salut de ceux qui l'aiment et qui le craignent avant que la pluie de feu des armes Nucléaires ne déblaie tout la terre et ses atmosphères. Vous pouvez bien voir le 4 comme délivrance ici selon le ProphéTIC:

> **Car voici, le jour vient, Ardent comme une fournaise. *Tous les hautains et tous les méchants seront comme du chaume; Le jour qui vient les embrasera, Dit l'Éternel des armées, Il ne leur laissera ni racine ni rameau.***
> Mais pour vous qui craignez mon nom, se lèvera Le soleil de la justice, Et la guérison sera sous ses ailes; Vous sortirez, et vous sauterez comme les veaux d'une étable,
> ***Et vous foulerez les méchants, Car ils seront comme de la cendre Sous la plante de vos pieds, Au jour que je prépare, Dit l'Éternel des armées.***
> Souvenez-vous de la loi de Moïse, mon serviteur, Auquel j'ai prescrit en Horeb, pour tout Israël, Des préceptes et des ordonnances.
> **Voici, je vous enverrai Élie, le prophète, Avant que le jour de l'Éternel arrive, Ce jour grand et redoutable.**
> **Il ramènera le coeur des pères à leurs enfants, Et le coeur des enfants à leurs pères, *De peur que je ne vienne frapper le pays d'interdit.***

Malachie 4.1-6

Après réception de l'Information apporté par ce ProphéTIC Elie le Prophète, il y aura la Translation des Saint et après cela le monde volera en éclat à cause des œuvres des hommes Impies par leur propre armes de destruction, ceci accomplira la Prophétie mentionné ci-dessus.

Dieu n'a jamais détruit l'homme, c'est la Folie de l'Homme qui l'égare et le détruit toujours.

Image 17

HATE-TOI DE TE SAUVER LA WATERLOO IA USA **Dim 02.02.58**

26. **Les hommes ont déjà dans leurs mains ce qu'il leur faut pour pouvoir détruire ce monde en une heure, s'ils le veulent. Qu'est-ce qui**

> **empêcherait la Russie cet après-midi, qu'est-ce qui empêcherait un de ces leaders de prendre une boîte de vodka, en boire trop et pousser sur un bouton et faire sauter toute la terre hors de son orbite ?** Et cela ne serait pas contraire aux Ecritures, pas du tout. Vous y voilà. Voyez, nous sommes au temps de la fin.
>
> *William Marrion Branham*

Mais surtout, les nombres **donnent accès à l'universel** : ils fondent le Vrai, le Beau et le Juste. Ils sont la clé de l'harmonie. ***Ils introduisent des valeurs*** telles que ***l'égalité***, ***l'ordre***, ***l'équilibre,*** l***a mesure*** et *le* ***progrès***. ***Ils sont la voie de la sagesse*. Que celui qui a de la sagesse, calcule le nombre de la bête (666)**

Que celui qui applique son cœur a la sagesse, fasse le Dénombrement des Jours de sa vie inscrits sur le livre !

On perçoit à travers les nombres que tous les êtres humains sont faits de la même matière, animés du même principe et soumis aux mêmes *lois.* Ainsi, les nombres invitent à trouver la « **mesure de soi** » en même temps que la mesure de toute chose.

La loi des nombres rend possible ***l'analyse, la mesure, le tri, la comparaison, la vérification***.

Nous allons remonter la pente avec les nombres : 5,6,7,8 et le facultatif qui est le 9, qui n'est rien d'autre que la malédiction du chiffre 6.

- En guématrie, le 5 équivaut aux cinq livres de la Torah, à la vérité intégrale. C'est surtout la valeur numérique de la **lettre hébraïque Hé** qui évoque le **souffle** de la vie qui entre par la « fenêtre ».

Si vous connaissez les nombres de la Bible, vous saurez que 5 est le nombre de la Grace selon l'Ordre Divin.

Jésus était-Il la grâce à l'œuvre ? **J-é-s-u-s, cinq** ; **o-e-u-v-r-e** [**en anglais : l-a-b-o-r**]. J-é-s-u-s, g-r-â-c-e, f-a-i-t-h [la f-o-i],

Il y a même 5 jusqu'à 7 fois qui œuvre dans l'ordre divin pour la rédemption :

- ✓ Sept Sceaux,
- ✓ Sept Esprits,
- ✓ sept Anges,
- ✓ Sept Trompettes
- ✓ et sept âges de l'Eglise.

Elie doit apparaître 5 fois aussi.

1ère - c'était en tant qu'Elie lui-même en personne,

2ème - en tant qu'Elisée,

3ème - en tant que Jean le Baptiste

4ème – il doit apparaitre à nouveau à la fin de l'âge des Gentils selon Malachie 4 :1-6 : ***William Marrion Branham.***

5ème doit apparaitre là chez les Israelites en tant qu'Elie et Moïse selon Apocalypse 11 les 2 Oliviers.

C'est pourquoi parmi les 7 vêtues de la pyramide qui forme l'homme parfait, la PATIENCE se positionne en 5ème ce qui élucide réellement le rapport ou le lien entre le Nombre **5 et la Patience** qui exprime la Grace de Dieu en vers cette Humanité Pécheresse.

La Croix demeure la seule Œuvre de la Grace qui a donné naissance à la Foi pour le salut de l'Humanité pendant que la Loi ne produisait que la crainte et l'échec.

Si vous Observez bien la Croix, vous verrez son Nombre : le 5

C'est la seule œuvre qui a pu accrocher le pécheur par Grace

Image 18

LE CINQUIEME SCEAU JEFFERSONVILLE IN USA Ven 22.03.63

319. **Cinq, si vous connaissez vos–vos nombres de la Bible, cinq, c'est le nombre de la grâce à l'oeuvre. Et c'est ce qu'Il a fait**. Maintenant, suivez bien, il faut que vous sachiez ce que c'est. Jésus était-Il la grâce à l'oeuvre ? J-é-s-u-s, cinq ; o-e-u-v-r-e [en anglais : l-a-b-o-r–N.D.T.]. Pas vrai ? A l'oeuvre, par–par amour pour vous. Et, si vous venez à Lui, comment viendrez-vous, par quoi ? Par la f-o-i [en anglais f-a-i-t-h–N.D.T.] à l'o-e-u-v-r-e [en anglais : l-a-b-o-r–N.D.T.]. Pas vrai ? L'oeuvre est le nombre de la grâce. Très bien, pour les croyants…LES INSTRUCTIONS DE GABRIEL A

DANIEL JEFFERSONVILLE IN USA Dim 30.07.61M

62. Nous avons vu qu'il y a « sept cinq » dans le plan de la rédemption. Le nombre, c'est cinq. Et il y a « cinq sept » : Sept Sceaux, Sept Esprits, sept Anges, Sept Trompettes et sept âges de l'Eglise. Alors, vous voyez, les « cinq sept », c'est la grâce. Cinq, c'est la grâce, et sept, la perfection. Alors, ça se déroule absolument dans la perfection, vous voyez. Très bien.

LA COMMUNION JEFFERSONVILLE IN USA Dim 04.02.62

75. Je prédis que ceci a une application spirituelle. Je crois que c'est la venue de l'issue de Dieu et que la grande révélation de la Parole sera ouverte pendant ce temps-ci. Souvenez-vous qu'on déclare que trois étoiles étaient entrées dans l'orbite à la naissance de Jésus. Et cette fois-ci, c'est cinq et cinq; c'est la grâce, le nombre de la grâce. Trois est le nombre de la perfection. Cinq est le nombre de la grâce: J-é-s-u-s, g-r-â-c-e, f-a-i-t-h [la f-o-i–N.D.T], ainsi de suite, le nombre de la grâce. Si Dieu envoie Sa puissance à l'église, ce sera par Sa grâce; ça ne sera pas à cause de l'obéissance des gens. Et Esaïe dit au chapitre 40: «Crier à Jérusalem que sa servitude est finie, qu'elle était cependant coupable d'idolâtrie, mais c'était la grâce de Dieu qui lui a envoyé cela.» Si Dieu nous envoie quoi que ce soit, ça sera par Sa grâce et non à cause de nos mérites.

QUESTIONS ET REPONSES JEFFERSONVILLE IN USA Dim 27.05.62

174. Très bien, rappelez-vous, c'est encore dans le futur. Maintenant, cela ne pouvait pas être la venue de Jean. Il était l'Elie, mais ce dernier vient cinq fois, maintenant. J-é-s-u-s, f-o-i [f-a-i-t-h en anglais–N.D.T], g-r-â-c-e. Voyez, cinq, le nombre de la grâce. Elie apparaît cinq fois : une fois, c'était en tant qu'Elie, puis en tant qu'Elisée, puis en tant que Jean, à la fin de l'âge des Gentils, et là chez les Juifs avec Moïse. Le nombre parfait, le prophète parfait, le messager parfait, rigoureux, hardi. Voyez-vous? Observez:

Je vous enverrai Elie ... avant que le jour de l'Eternel arrive, ce jour grand et redoutable.

> Il ramènera les coeurs des pères à leurs enfants, et les coeurs des enfants à leurs pères, de peur que je ne vienne frapper le pays d'interdit.
>
> LES EVENEMENTS MODERNES RENDUS CLAIRS PAR LA PROPHETIE SAN BERNARDINO CA USA Lun 06.12.65
>
> 213. Mais, rappelez-vous, Malachie 4, immédiatement après le prophète de Malachie 4, la quatrième fois que Jean Baptiste vient dans... ou plutôt qu'Elie vient. La cinquième fois qu'il vient, ce sera dans Apocalypse 2, les témoins, quand Il vient pour le reste de Juifs. Mais Dieu a utilisé ce même esprit cinq fois: grâce, J-é-s-u-s, c'est tout le temps Jésus; f-a-i-t-h [Foi–N.D.T.], g-r-â-c-e et ainsi de suite. Voyez-vous? Le nombre 5, c'est le nombre de la grâce et Il l'a utilisé. Il n'utilise cela que trois fois; il y a deux, trois, quatre, Il utilise cela cinq fois.

Le nombre 5 en rapport avec le corps humain, ceci nous donne 5 Doigts gauche et 5 doigts droits.
5 orteils droits et 5 orteils gauches. Et c'est part les 5 orteils de gauche et de droit que l'avenir du monde joue ces dernières minutes selon la Vision Prophétique de Daniel ***(Daniel2 :1- 46)***.

Le pied d'argile avec 5 Orteils et le pied de fer avec 5 orteils se lient au Royaume de la Russie en tant que le royaume d'Argile et elle demeure la tête du bloc de l'EST avec ses alliés (Chine, Korée du Nord …). Le Royaume de fer, l'Occident comprenant les USA et leurs alliés avec l'église Catholique.
Comme tout ceci étant régis par le nombre 5, la Grace patiente également pour le Salut du monde. Cependant les 5 Orteils de gauche et de droite s'échauffent pour détruire le monde.
Mais où sont les avertis ?
Les 5 doigts de part et d'autre sont en train d'écrire et avertir le monde par la Prophétie. Et aussi les doigts des hommes impies préparent et construisent avec acharnement, la destruction du monde selon la Vision de l'Ordre Mondiale.
Que celui qui reçoit ces Paroles de Lumière, applique la Sagesse à son cœur pour en échapper.

Le 5 évoque aussi les **5 sens du Monde Esprit et du Monde Physique** qui permettent à l'homme de s'orienter:

- ✓ Les 5 sens du Monde Physique lié à l'Homme : le gout, la vue, l'Odorat, le touché et l'Ouïe.
- ✓ Les 5 sens du monde spirituel, le Prophétique William Branham nous les Enumère comme suite : Sentiments, Imaginations, Raisonnements, Mémoire, Conscience.

Cinq est donc le chiffre de l'**universel humain**, ce qui renvoie aussi aux 5 plaies du Christ sur la Croix : sur les deux mains, les deux pieds et le flanc droit.

C'est pourquoi quand vous multipliez 5 par 2 vous retrouverez les 10 Plaie qui ont Frappé l'Egypte d'alors (ALKEBULAN, Afrique) et ce Monde finira par des Plaies aussi avant que le feu Nucléaire ne se déclenche. Ces Plaies sont liées aux armes biologiques et bactériologiques que les humains eux-mêmes ont fabriquées. Cela sera des fléaux.

On n'en finira pas avec la lumière sur les Nombres. Selon moi, la Loi des Nombres demeure la Formule la Plus élevés et concrète du Dénombrement Multiverselle et Universelle auquel devrait aspirer chaque Humain pour comprendre l'Omniscience de son créateur.

Le nombre 6 demeure le nombre qui clore la durée de l'œuvre de la création.

C'est aussi le nombre qui régit le nombre des jours de toute la création et de la Création de l'homme par la Dernière ou 10ème Parole prononcé par Dieu. Les 10 Paroles créatrices. Puis ***"Dieu dit". La Parole demeure l'essemble de definition de toutes les Sciences Universelles ou Multiverselle.***

Il explique mieux le nombre de jour de travail défini par Dieu lors de sa création, et qu'il conféra aux enfants d'Israël dans le désert selon Exod23 :10.

C'est aussi le nombre de l'Homme charnelle, l'Homme Impie.
Ceci ne parait pas hasardeux pour moi de voir la vêtue Piété figuré à la 6ème Position dans la Pyramide.
Dieu sachant que ce corps étant formé dans l'Impiété, il lui a exigé, la Piété c'est cela même le mal dans ce corps.
C'est pourquoi un homme qui est impie, porte dans sa vie, la marque de la Flétrissure. Cette marque demeure la doctrine de l'Homme du péché. Et c'est cela qui amènera la multitude de l'Humanité à la Boucherie par l'ordre mondiale.

Le Fils de la Perdition, est l'homme Impie avec le -6 = 666=9

Et le pape Paul 6 Obéit à cette règle.

Le Nombre 7 demeure celui de L'union de la Matière et de l'Esprit.

C'est là sa principale signification : le 7 symbolise la totalité de l'Univers en associant le **3** (chiffre du ciel, du divin) et le **4** (chiffre de la terre et du monde manifesté). Quand toute chose sera rétablie, le ciel relâchera Christ sur la Terre. Et cette Prophétie s'est accomplie.

Le 7 demeure le nombre de Dieu, après achèvement de sa création, il prit le 7ème jour pour lui ; celui de son repos. Le nombre 7 demeure le Nombre de la ***Bénédiction*** et de la ***Sanctification***. C'est pourquoi celui qui s'approche du Divin, qu'il le Fasse en se sanctifiant pour être Béni selon la recommandation du 7ème se liant également au Jour.

> ***Dieu bénit*** le ***septième*** *jour*, et ***il le sanctifia***, parce qu'en ce jour il se reposa de toute son œuvre qu'il avait créée en la faisant.
> *Genèse 2.3*

Pour ceux qui opèrent avec, et coopèrent dans le ProphéTIC, comprendront avec l'intelligence des Temps, le créateur s'est toujours reposé dans l'Homme sa créature, qui est son Image, je parle de l'âme.

Si selon les Prophéties, le salut vient par un 7ème Messager Prophète, le Seigneur devra descendre et s'incarner pour accomplir l'œuvre de la Rédemption comme celui qui vient comme le Lion de la Tribu de Juda. Vous vous rappelez que j'ai fait mention des 12 signes du zodiaque, le liant au 12 qui nous ramène à l'intelligence du temps.

Ce que les religieux, les impies et ignorant ne supportent pas est que Dieu, le créateur revient en ces temps de la Fin se reposer dans l'Homme, cela fait partir des 3 buts de son Dessein qu'il n'avait jamais révélé à l'homme.

Les Prophéties déclarent qu'au rétablissement de toutes choses par le 7ème messager annoncé selon Malachie 4 : ***William Marrion Branham***, Dieu devrait revenir et 's'incarner dans son Messager en tant que le Messie pour les temps des Nation et de la Fin. Non pas que William Branham soit Jésus-Christ mais plutôt qu'il incarne le Christ, puisqu'il demeure le 7ème et c'est aussi au 7 Jour que Dieu se reposa. Ainsi s'établit la Loi du 7ème. Il se reposa dans Adam aussi.

C'est pourquoi le Messie revenant le 28 Février 1963, selon Apocalypse 10 :1-7, devrait trouver le 7 sur la Terre pour s'y reposer. Car le 7ème devrait rétablir toutes choses. Et c'est ce rétablissement de toutes choses qui relâchera Jésus-Christ du ciel, puisque le ciel le retenait... Cela n'est pas étonnant de voir que Jesus se questionnait : ''*quand le Fils de l'Homme reviendra pour la seconde fois, trouvera-t-il la Foi sur la Terre ?*''

Faites recours au Scientifique ***Dr James McDonald***, ''Météorologue à l'Institut de Physique Atmosphérique de Tucson''. Il vous donnera l'approche et la Preuve Scientifique de la Seconde Venue du Seigneur Jésus-Christ.

...And a High Cloud
Ring of Mystery

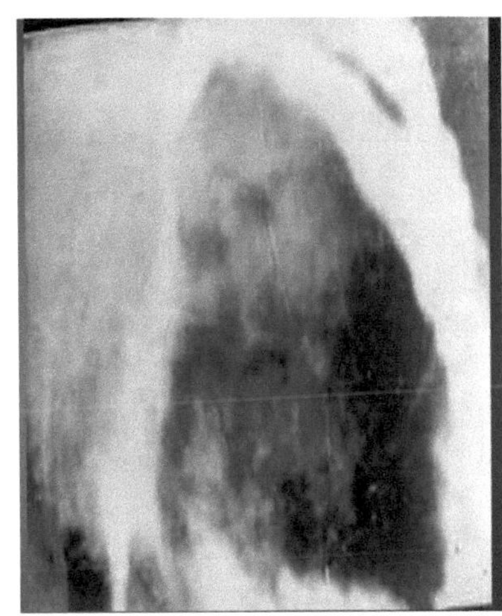

Image19

Je vis un autre ange puissant, ***qui descendait du ciel, enveloppé d'une nuée; au-dessus de sa tête était l'arc-en-ciel, et son visage était comme le soleil, et ses pieds comme des colonnes de feu.***
Il tenait dans sa main un petit livre ouvert. Il posa son pied droit sur la mer, et son pied gauche sur la terre;
et ***il cria d'une voix forte, comme rugit un lion.***
Quand il cria, les sept tonnerres firent entendre leurs voix.
Et quand les sept tonnerres eurent fait entendre leurs voix, j'allais écrire; et j'entendis du ciel une voix qui disait: Scelle ce qu'ont dit les sept tonnerres, et ne l'écris pas.
Et l'ange, que je voyais debout sur la mer et sur la terre, leva sa main droite vers le ciel,
et jura par celui qui vit aux siècles des siècles, qui a créé le ciel et les choses qui y sont, la terre et les choses qui y sont, et la mer et les choses qui y sont,
qu'il n'y aurait plus de temps,
mais qu'aux jours de la voix du septième ange, **quand il sonnerait de la trompette, le mystère de Dieu s'accomplirait,** comme il l'a annoncé à ses serviteurs, les prophètes.

Apocalypse 10.1-7

Certainement la multitude me dira, mais Branham a quitté la scène, ou demeure le christ maintenant alors ?

Faites encore recours au ProphéTIC Saint Paul, il en a prescrit la Formule qui répond à toutes ces questions selon le Livre de 1Thessaloniciens 4.

Nous distinguons sept dispensations aussi dans la Vie de l'Humain (époques, âges, régimes) :
1) L'Innocence
2) La Conscience (ou responsabilité morale)
3) Le Gouvernement humain
4) La Promesse
5) La Loi
6) L'Eglise (Epouse) ou la Religion
7) Le Jugement.

Ceci se lie avec les centres principaux d'énergies de l'Homme ou appelés encore le Chakra.

Le Nombre 7 demeure celui de l'achèvement dans le Temps, et celui des mesures. C'est pourquoi au-delà de lui, on ne peut que rentrer dans l'Eternité, le 8.

Selon la numérologie classique, le 7 est la vie intérieure, l'intellect, la **Foi** et la **Volonté**, ce qui accompli parfaitement cette Science d'**Apocalypse 10.1-7.**

En guématria, le 7 renvoie au sacré et à la lumière (Il est cette Lumière qui brille en Apocalypse 10 :1-7). Il correspond surtout à la valeur numérique de la **lettre hébraïque Zayin** (***l'épée qui tranche dans les illusions***). Referez-vous à l'Image19

Le Nombre 8

Il est le symbole de l'infini, l'éternité, revenant dans le temps, qui se transforme en 7 ce qui implique : 8-1=7.

Ce nombre 8 demeure aussi la Valeur absolue de l'Ame régénérée par la Puissance de la Divinité et également La Pierre de Faite.

Il est le zéro doublé, celui qui incarne le tout dans le tout.

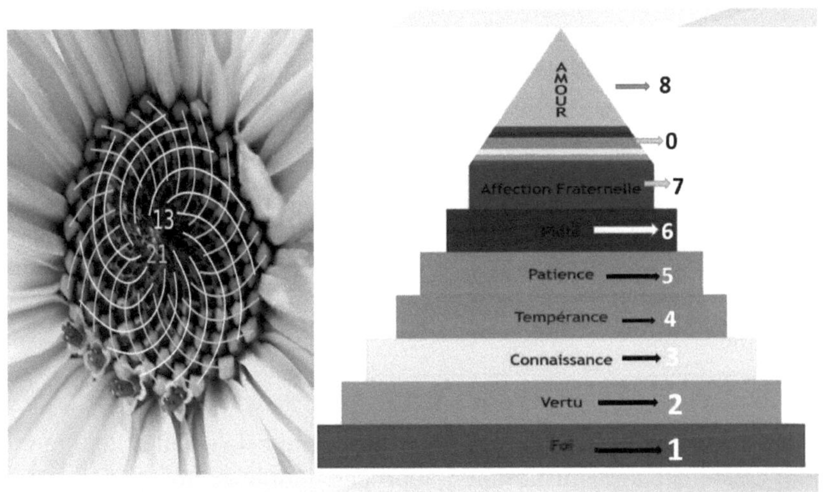

Ici se présente le schéma de la Pyramide pour la statue parfaite de l'Homme selon les vêtues énoncées par Saint Pierre (Képhas) dont Saint William Branham a rangé sachant que l'Homme est d'une Forme Pyramidale. Et pour enrichir ces vêtues, Saint Jean Le Divin DuMidi vient apporter sa pierre à l'édifice en correspondant à chaque vêtue son nombre.

Le 9 nombre étant un nombre Facultatif, ne figure pas dans l'alphabet numérique de Dieu. C'est pourquoi son porteur Lucifer, sera anéanti

Je ne rejette pas qu'il ait certains nombres qui soient limité dans l'expression de certaines réalités physiques ou même certaines notions abstraites : ***tel que la racine de 2***. On parle de **nombres irrationnels**. On aurait aussi pu évoquer les nombres imaginaires, transcendants, relatifs ou quantiques… mais je crois que dans le langage Divin, ils ont un sens, certainement que l'intelligence Humaine n'arrive pas à les cerner. Et s'ils les ont découvert c'est parce qu'ils existent pour un but, exprimer une pensée cachée du créateur, puisque rien ne se fait au hasard selon la Préscience du Seigneur Jésus-Christ.

N'ignorons pas que les nombre ont des ensembles comme la constellation des Etoiles qui baignent dans des ensembles différents. De la même manière, Dieu a défini les Galatie et les Constellations selon différents Ensembles, de même, il définit aussi les Nombres dans des Ensemble différents, il a défini les anges dans des ensembles Différents, il a défini les animaux dans des Ensemble Différents et c'est maintenant que la Science vient et les Nomme pour s'attirer une Gloire Non Fondée.
C'est par la Foi que tout ceci existe et a été fondé depuis les Invisibles.

Juste un aperçu des ensembles pour ceux à qui cela serait utile. Pour moi c'est juste une illustration d'approche dont je ne vois pas l'Intérêt Divin et édifiant. Ceci démontre qu'on ne finit jamais d'apprendre et de connaitre. Juste un additif de connaissance. Merci

Entier Naturel, ***N***
Relatif, ***Z***
Décimal, ***D***
Rationnel, 1/3 ou-4/5 ***Q***
Irrationnel : π (Pi) π et (la racine carrée de deux)
phiϕ (phi, le nombre d'or =1,618), e (la constante de Neper) en sont deux autres très connus, et il y en a d'autres que je n'énumérerais pas tous.
E est la Constante Eternel, l'Amour Divin qui ne peut tarir
Donc je suis désolé de voir la Science attribuer cela à Neper ou Eler.

Complex : 3+2i
Les Nombre complexe ne font qu'affirmer que Dieu est le Réel infini et jamais vu ni touché comme le dit Jean 1 :1
Mais que son Image est la matière, le Physique ou la Matière Physico-Spirituel.

Au-delà, des quaternions, on trouve ensuite l'ensemble des octonions *(𝕆), des* sédénions *(𝕊) et plus largement les ensembles de 2^n dimensions (en fait ℝ, ℂ, ℍ, 𝕆 et 𝕊 sont respectivement les dimensions 1, 2, 4, 8 et 16 des nombres réels).*

Les Nombres furent le langage de Dieu pour pouvoir établir l'Ordre, les Mesures… et Isaac Newton est aussi Clair là-dessus ce qui me parait normal de le citer : ***''Dieu créa toute chose par des chiffres, des poids et des mesures''***

Le domaine de Dieu c'est les Nombres équivalant à la Puissance de création, et à l'intelligence qui la régit.

Le Domaine de l'homme c'est la Lettre, la lettre Tue mais l'esprit vivifie. Adam a nommé tous les animaux par les lettres.

Mais quand lui, il nomma les Jours, c'était par les Nombres et les Mois également.

Le Nombre **10** est lié à la Programmation selon l'Ordre de la création.

Dieu Prononça 10 Logos ou 10 Paroles afin que le monde soit établi dans l'Ordre.

Et les Hommes ont découvert cela et en font usage dans l'informatique au fil Temps et en vue du développement de la Science. L'homme a découvert le Domaine des Nombres dont l'application est appelée Mathématique.

L'exploration de ces nombres Divin, a permis à la science de fait d'énorme progrès avec leur exploitation selon la précision de leur usage.

Ceci lança l'informatique à un haut niveau avec le langage :

- ✓ Le Binaire, lié au nombre ou chiffre 1 ; 0 ou 0 ; 1
- ✓ Le langage Alphanumérique.

A cet effet la science par la raison des ondes, a su exploiter la valeur des Nombre afin d'établir la Communication sans fil : la Radio, le Satellite et la Télévision :

La Fréquence radio ou télé utilise les Nombres pour la communication stable et correspondante.

Ils ont su établir un lien par les Nombre, qui fait qu'à partir d'un nombre composer par le système des Onde, si un autre se trouve sur la même fréquence, la communication s'établit.

Un Numéro +225 0758080842 peut communique avec un Numéro +1 225 558 333 154 ou +7 2214755565541

Le + (225) ou +(l) ou le (+7) est un code d'accès.

Ce que fait que la Science évolue, c'est qu'elle travaille avec précision dans les dimensionnements à travers les Nombres et L'église est restée très loin en arrière d'elle. Pourtant le langage Divin demeure celui de leur créateur.

Aujourd'hui la carie dans les os est de faire ce constat catastrophique, l'église qui est censé être la sentinelle du monde, est devenue stagnante, elle suffoque, elle ne voit pas plus loin que le bout de son nez. Cependant La destruction fonce droitement devant elle et elle demeure Inconsciente et insouciante.

Mais l'Homme ProphéTIC ou Spirituel et Divin voit les choses d'avance et le met par écrit pour avertir le monde. Que celui qui pense avoir une âme, se précipite à la sauver. Et c'est ce qu'un véritable fils de Dieu fait toujours.

Ce qui fait la capacité puissante de la Science, est quelle navigue dans la Précision des mesures qu'elle prend quant à ses calculs.

Le ProphéTIC William Branham nous en dit plus ici :

> AYEZ FOI EN DIEU NEW YORK NY USA Mer 01.09.54
>
> 13. **Qu'est-ce qui nous arrive, chrétiens ? Nous avons abandonné notre responsabilité.** C'est exact. **La science a amené l'homme avec ses cinq sens plus loin que les prédicateurs ne l'ont fait avec son âme, son esprit, qui est de loin supérieur à sa science.**
>
> J'aimerais tout simplement vous poser une question. Beaucoup d'entre vous ici, frères, vous pourriez retourner dans le passé avec moi jusqu'à l'époque du vieux modèle T. **La science pourrait uniquement**... Maintenant, écoutez juste avant que je ne termine : voici une observation dont je veux que vous vous souveniez. **L'efficacité de la science réside dans sa capacité de maîtriser les mesures. Plus la science peut faire des calculs précis, plus puissants deviennent les hommes de science.** ***Et plus l'Eglise peut mesurer avec précision, plus puissante deviendra l'Eglise.***

L'église à elle seule doit comprendre le langage Divin des Nombres selon la Mathématique Divine enfin de s'en servir pour imposer aussi sa puissance des choses à l'Humanité.

> APOCALYPSE CHAPITRE 4, 3 JEFFERSONVILLE IN USA Dim 08.01.61
>
> 134. **Il faut que cela soit dans la mathématique de la Bible. La mathématique de la Bible, c'est la chose la plus parfaite qu'il y ait sur terre. Vous ne saurez trouver une seule faille, de la Genèse à l'Apocalypse, dans la mathématique de la Bible. Et il n'existe aucune autre œuvre de la littérature écrite où vous puissiez trouver de faille avant d'en avoir lu trois vers; mais ce n'est pas le cas dans la Bible.**

UNE VIE CACHEE EN CHRIST SAN FERNANDO CA USA Jeu 10.11.55

19. Maintenant, dans le… C'est juste comme si Dieu vivait dans ces trois parvis, Il vit certainement dans le parvis de la tente d'assignation. Il vivait au… Il vit aussi ici dans le lieu saint. Mais le lieu où Il demeure… Ceci c'était juste les attributs de Sa Présence dans le Saint des saints.

Eh bien, c'est tout comme vous. Si vous observez bien dans la Bible, mathématiquement parlant, trois c'est le nombre de Dieu pour la **perfection**. Dieu est parfait en trois. La Divinité est parfaite en trois : le Père, le Fils et le Saint-Esprit ; le seul vrai Dieu. Et–et les dispensations sont parfaites en trois. **Et trois, sept, douze, vingt-quatre, quarante et cinquante sont des nombres de la mathématique de Dieu. On les trouve d'un bout à l'autre des Ecritures.**

Et remarquez. Maintenant, vous-même, vous êtes parfait en trois : l'âme, le corps, l'esprit ; l'eau, le sang, et l'esprit. Ces trois choses qui sont sorties de Son corps constituent la nouvelle naissance. **Il y a trois choses qui sont sorties de Son corps, qui constituent la nouvelle naissance : l'eau, le Sang, l'Esprit…**

HEBREUX CHAPITRE 4 JEFFERSONVILLE IN USA Dim 01.09.57S

102. Maintenant, le verset 7 (oh! la la!); **je dis que l'Ecriture est mathématiquement inspirée**. Je dis que l'Ecriture est inspirée, et cela en tous points. **Les mathématiques de la Bible sont parfaites.**

LES INVESTISSEMENTS PHOENIX AZ USA Sam 26.01.63

186. J'ai dit : « Comment peut-on leur enseigner des choses profondes alors qu'ils ne veulent même pas apprendre leur abc ? »

LES INVESTISSEMENTS PHOENIX AZ USA Sam 26.01.63

187. Croyez toujours en Jésus-Christ : ABC [Always Believe Christ .–N.D.T.] **C'est vrai. Mais ils ne veulent pas le faire. Comment allez-vous donc leur enseigner la mesure de superficie et ainsi de suite, les véritables mathématiques de Dieu ? « Comment arrivez-vous à voir ? Comment ces choses arrivent-elles?» Oh! la la!**

LE SEPTIEME SCEAU JEFFERSONVILLE IN USA Dim 24.03.63S

76. **Croyez-vous aux mathématiques de Dieu ? Si vous n'y croyez pas, vous devez certainement vous y perdre dans**... Vous vous y perdrez certainement dans la Parole, si vous commencez à mettre un quatre, ou un six, ou–ou quelque chose d'autre que **les mots situés correctement dans leur ordre mathématique**. Vous vous retrouverez certainement avec le tableau d'une vache en train de brouter de l'herbe au sommet d'un arbre quelque part. Vous allez... certainement que vous n'aboutirez à rien ; en effet, Dieu ne... **Toute Sa Parole au complet fonctionne dans–dans un–dans un ordre mathématique.** Oui, oui. C'est parfait, ce qu'il y a de plus parfait. Il n'y a aucune autre oeuvre littéraire qui ait été rédigée comme Elle–comme Elle, **si parfaite d'après les math... mathématiques.**

Si toute votre Vie est liée à vos 5 Sens de la Chair, cela vous conduira également à la 5ème Dimension pour votre destinée

5 Sens = 4+1= 5ème Dimension, l'endroit des Perdus

Si toute votre Vie est liée à votre 6ème Sens, cela vous conduira également à la 6ème Dimension pour votre destinée.

6 Sens = 5 sens +1 = 6ème Sens la dimension des Sauvés. Le 6ème Sens c'est la Foi du Salut, la Régénération de l'Ame.

Si toute votre Vie est liée au 7ème Ange, cela vous conduira également à la 7ème Dimension pour votre destinée.

6ème Sens +1 = 7, réception du Salut par le Messager Prophète qui fait de Toi l'Epouse du Seigneur au jour de l'enlèvement.

Ceci t'emmène dans la (l'Enlèvement) 7 = 7ème Dimension pour le Palais Royal ; et aussi qui te donne accès au Millenium.

7+1= 8 l'Eternité dans la Ville Pyramidale.

Le 8 Horizontal est l'Infini avec son Royaume et les autres en dehors de la Ville.

8+1= 9 = 0 l'anéantissement de Satan et son royaume.

Dieu se cache et se Révèle dans la Simplicité.

Omniscience, Illumination, Intelligence, Connaissance

Série 6 : la Loi des Nombres ou Code Numérique

> ***L'Éternel parla à Moïse dans le désert de Sinaï***, *dans la tente d'assignation, le premier jour du second mois, la seconde année après leur sortie du pays d'Égypte. Il dit:*
>
> ***Faites le dénombrement de toute l'assemblée des enfants d'Israël***, *selon leurs familles, selon les maisons de leurs pères, en comptant par tête les noms de tous les mâles,*
>
> *depuis l'âge de vingt ans et au-dessus, tous ceux d'Israël en état de porter les armes;* **vous en ferez le dénombrement selon leurs divisions**, *toi et Aaron.*
>
> Nombres 1.1-3
>
> *Et après l'avoir conduit dehors, il dit: Regarde vers le ciel, et compte les étoiles, si tu peux les compter. Et il lui dit: Telle sera ta postérité.*
>
> Genèse 15.5
>
> *(8:5) Qu'est-ce que l'homme, pour que tu te souviennes de lui? Et le fils de l'homme, pour que tu prennes garde à lui?*

Psaumes 8.5

Les nombres simples ou Unités indiquent les choses ou les œuvres de l'Ordre Divin : 1, 2, 3, 4, 5, 6, 7, 8,0 le nombre 9 n'est que la répétition du nombre 6 maudit= 9 attribué à Lucifer, Porteur du Nombre 666 dont la réduction Théosophique est égal à : 666= 6+6+6 = 18 = 1+8 = 9 ce n'est pas étonnant aussi que 9 ne figure pas parmi les nombre premiers. Ce mystère est grand et je viens de vous le prouver encore.

C'est pourquoi si vous prêtez attention à l'homme intérieur, sa Perfection se Situe dans ces vêtues Divines dans la Pyramide de sa personne.

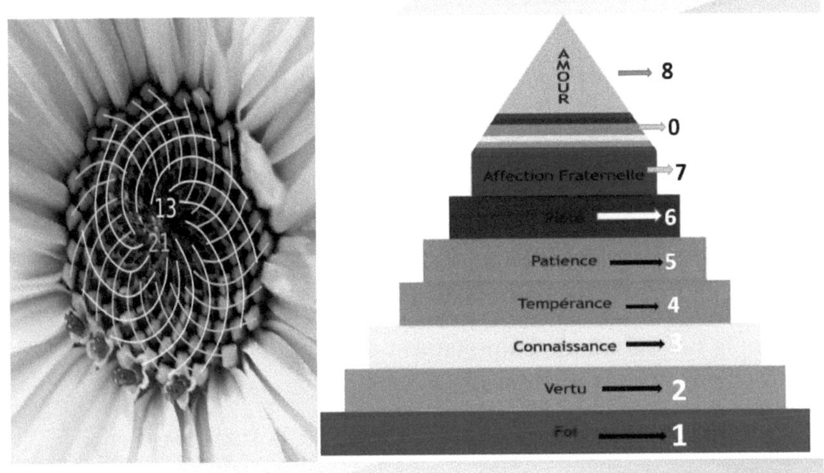

Les nombres dont la Composition est de l'Ordre de 2 chiffres c'est-à-dire les dizaines, exprime l'ordre des Choses Spirituelle, l'esprit :

10 ; 20 ; 30 ; 40 ; 50 ; 60 ; 70 ; 80 :90, si vous prêtez bien attention à la création de l'homme, vous verrez bien qu'il était double dans l'esprit. Il avait à la fois, l'esprit féminin et lui et aussi l'esprit masculin.

Voire plus loin la Manifestation du Dieu tout puissant, notre père à tous, le Christ, celui dont personne n'a jamais vu si ce n'est le fils unique qui l'a révélé, est aussi à la Fonction **Esprit Saint** en 2ème rang selon ces 3 Dispensations : Divin-Esprit-Matière.

Les nombres dont la composition est dans l'Ordre de 3 chiffre, exprime la matière, le corps. C'est pourquoi pour que l'homme soit complet en tant qu'humain, il se compose de 3 parties : âme-esprit-corps ou matière ou encore (***Divin-Esprit-Matière***).

Les centaines sont liées aux œuvres terrestres, la Matière.

Si vous remarquez bien, quand le Christ prononce la Bénédiction, il le lie plus au nombre Cent, qui exprime par là le Centuple.

C'est la Matière.

Les nombres dans l'ordre de 4 chiffre exprime la **Miséricorde du Divin père**, le Christ et aussi introduit le **règne de Dieu avec l'homme** sur terre. 1000 ans impliquent le millenium.

Les 9 Vêtues dans la Configuration de l'homme dans la vision du Père, se lient chacun à un nombre Divin dont les pouvoirs influencent.

1-Foi : la Fondation, du commencent de tout. Le commencement de la Création de Dieu le tout dans le 1

2- la Vêtue, la Puissance, pouvoir, l'énergie, la Lumière

3-connaissance- la sagesse divine, l'intelligence

4- la Tempérance, l'équilibre, la production, la délivrance

5-la patience, la grâce, ce qui accroche et sauve le pécheur

6- la piété, le nombre de l'homme, exige aussi la purification de l'homme afin de s'approcher de son créateur, l'une des plus grandes vêtues exigé sachant que le problème le plus difficile à résoudre est tout temps lié à l'impiété

7-achèvement, la fin de la configuration de l'homme par le sentiment fondamental : l'amour Fraternel

8- la divinité suprême, la pierre de faite, la finalisation de l'homme parfaite et éternel

9- est **le nombre démoniaque** appartenant à la matière, **le retour à l'existence de Lucifer** et l'esprit dominateur en ces temps de la fin, est plus lié au matériel, la matière, la multiplication de la chaire corrompue des humains. **L'accroissement de la Méchanceté des humains**, la terre est pleine de violence et la vie de tout être vivant serait arrêté d'Ici peu. Il apparait comme une tête avec une queue de corde (le serpent avec une tête et le reste de son corps comme une queue).

Le langage des Nombres est presque inconnue des chercheurs et des spirituels de notre époque. A peine on commence seulement à en balbutier l'alphabet. ***Pourtant ce langage mystérieux est une clef active*** qui lie ou décode les prophéties concernant les individus, **les familles et les Etats ou Nation.**

Le jour où les humains s'intéresseront au langage des nombres et chercheront à comprendre le code derrière chaque nombre et comment cela influence depuis l'ordre Divin jusqu'à l'Ordre Naturel, ils feront assez de progrès. Les nombre sont le langage premier du Divin créateur, Jésus-Christ Seigneur et sauveur de l'Humanité. L'**intelligence** et la **connaissance** que cache ces nombres, l'on ne pourrait jamais finir de les sonder mais chercher à percer le mystère de ces connaissances nous donnerait des informations capitales que la Science et les spirituels n'ont jamais pu donner. Comme le dit **Platon** *« Les nombres seraient donc un moyen d'accéder au plus haut degré de la* ***Connaissance*** *: ils donneraient la clé de l'ordre intérieur et de l'harmonie cosmique.»*

le langage des nombres demeure mystérieux car il détient la clef active qui lie les prophéties concernant les individus, les familles et les Etats ou Nation. Nous pourrons naviguer sur le volet Etatiques et un peu leur influence sur l'individu sans oublier que nous sommes dans une ère de Réveil qui anime chaque Nation ou Individu :

Nous pourrons énumérer les grands acteurs de ce final Réveil mettant en exergue :

- ✓ La Russie de **Putin**
- ✓ **USA** et l'Eglise Catholique en tant que, les 2 différentes Bêtes qui monte en **Apocalypse 13**
- ✓ Israël véritable et son Identité et
- ✓ L'Epouse, je ne parle pas de l'Eglise.

Si nous remontons par le code indicatif mettant en relation les appels téléphoniques de chaque continent, il serait plus lucide de comprendre à première vue l'importance de ces nombres :

- ✓ **+1 USA et Canada**
- ✓ **+2 Afrique**
- ✓ **+ 3 et 4 Europe**
- ✓ **+5 Amérique**
- ✓ **+ 6 Océanie**
- ✓ **+ 7 Russie**
- ✓ **+8 et 9 Asie**

Selon les principaux acteurs de ce grand réveil du temps de la fin, nous pourront fixer les regards sur les 2 grandes puissances Mondiales qui sont typifiés par la statue de Daniel avec l'un

Comme le pied d'argile avec 5 Arteuils pour la Russie et l'autre comme le pied de fer avec 5 orteils les USA.

J'espère que vous comprendrez que l'avenir de ce monde se joue sur 10 orteils, qui produiront les 10 nouvelles plaies comme dans comme en Egypte.

Ces 10 orteils ne donneront qu'une seule plaie finale qui est le feu par les armes Nucléaire : 10= 1+0= 1

Perdition ou Vie : 10 implique 0 pour la mort ou destruction et 1 pour un nouveau commencement, une nouvelle vie.

- ✓ Apocalypse 10 :7= 17 la puissance Divine dans l'Humain Racheté, ceci le rendant Dieu : l'Union Invisible de l'Epoux Céleste et de l'Epouse Terrestre.

- ✓ Les 10 Parole de créatrice ***« Puis Dieu dit»*** sur laquelle repose la programmation de ce monde.

- ✓ 10 Commandement : Loi de Vie ou de la Mort, le Deutéronome
- ✓ 10 plaies en Egypte
- ✓ 10 tribus perdues d'Israël
- ✓ La Bête avec les10 cornes et 7 têtes : le Monstre final de la destruction : 17

Le 17 est un nombre à craindre, sa présence dans la liste des nombres premier demeure très révélateur vu qu'il est plus actif dans la communication Divine d'où ProphéTIC.

Vous comprendrez pourquoi, Jérusalem fut Proclamé, la Capitale Indivisible de l''Etat d'**Israël** en 20**17** par les USA.

Certainement que cela semblera banal pour la multitude. Quant aux lois des nombres, cela demeure une influence Majeur dans le ProphéTIC.

Cette analyse ci-dessus me tente à porter un peu plus les regards sur le code indicatif des appels téléphoniques de ces 2 grandes Puissances Mondiales.

Cette première étude sur ces nombres me laisse perplexe mais pas hasardeux.

Sachez que si **le langage des nombres regorge plein de mystères, c'est parce qu'il porte en lui la clef active** qui lie les prophéties aux individus, aux familles et aux Etats ou Nations et à travers lequel le plus haut degré de connaissance est enfoui.

Daniel n'aurait-il pas eu raison d'avoir dit : « *et **les plus sages parmi eux donneront instruction à la multitude, ils feront des exploits avec Dieu**.*

*C'est lui qui change les temps et les circonstances, qui renverse et qui établit les rois, qui **donnent la sagesse aux sages et la science à ceux qui ont de l'intelligence.** Il révèle ce qui est **profond** et **caché**, il connaît ce qui est dans les ténèbres, et la lumière demeure avec lui » ?*

Nous continuons notre lancée Sur ces profondes paroles.

Les USA ont pour code Indicatif le **+1**

Ce nombre explique et renforce leur Rang au niveau Mondiale. Ils ne sont pas la **première Puissance Mondiale en vain**. Ils sont réellement influencés par ce nombre, le **1**. Notez que le 1 bien qu'il soit le fondement, ne figure point parmi les nombres premiers, sa particularité demeure quand même importante parce qu'il est un nombre **Masculin** et **impai**r. Il n'a pas d'image, pas comparable.

Ils décident de tous, comment détruire les autres pour régner. Ils ont la capacité de sanctionner n'importe quelle nation du monde telle que nous le voyons : la Sanction économique de la Russie car selon le ProphéTIC, ce sont les USA qui détiennent les ficelles du Commerce Mondiale avec le complot du **Vatican.**

Ils sont aussi comme un agneau qui a 2 cornes :

- ✓ **le Pouvoir Ecclésiastique et**
- ✓ **le Pouvoir Civil**

Ceci ne demande plus un miracle pour comprendre qu'à partir de leur Civilisation, les mœurs furent dégradées. Ils sont la Puissance ou la Bête qui Monte de la Terre en Apocalypse 13 : ils ont commencé avec 13 Colonies, 13 Etoiles qui est passé maintenant à 50 Etoiles ou 50 Etats.

Ce même drapeau contient **7** bandes rouges, horizontaux et **6** Bandes blanches horizontales : la somme de **7+6 = 13**

Peu importe leur 50 Etoiles, le nombre 13 les influence et les rend captif, c'est pourquoi cette Nation a une Femme comme Vice-Présidente : **Kamala Harris** avec un Président Catholique à sa tête : **Joe Biden. Le vote des femmes aux USA poussé plus l'ordre du monde à l'immoralité. Les USA demeureront Femme car c'est leur destin et c'est pourquoi aussi les femmes sont plus nombreuses que les hommes.**

C'est l'âge de la femme, **13** le Nombre de la Femme et le nombre aussi lié à l'église représentant la femme.

Lévitique 20 :13 = 2013 Légalisation de l'Homosexualité, par un Président Américain : Barack Obama.

Le Pape Benoit 16 démissionna le **11** Février 20**13** et le Pape François (**Jorge Mario Berg Oglio**) élu en Mars 20**13**. Ces choses sont ProphéTIC. Ils n'échapperont points à cette loi du Nombre 13.

L'Epouse de Christ sonna son Jubilé aussi en 2013 :

1963-2013 = 50 ans, depuis lors les évènements de ce monde ont pris une tournure dont je ne saurai qualifier.

Et 13 demeure le sixième nombre Premier et je vous en ai parlé quant à l'importance des nombres premier selon le langage Divin :

Ils servent généralement à la sécurisation des œuvres les plus importantes et Complexe ; et aussi liés à l'appel Divin fonction de l'âge 17 et 21 ans plus précisément.

Soyez assis confortablement parce que nous accostons sur un rivage un peu tumultueux, notre Navire sera momentanément secoué par ces vagues désespérées.

La Russie a pour code Indicatif le +7

Il nous incombe de porter nos regards sur les différentes particularités du nombre 7 pour en saisir le sens plus profond :

- ✓ Un Nombre Masculin
- ✓ Un Nombre Impair
- ✓ Un Nombre Premier : quatrième Nombre Premier

Il demeure le nombre de l'achèvement de tout conduisant au repos.

L'indicatif +7 pour la Russie est un Héritage qu'il a eu quand l'URSS s'est effondrée en 1990, mettant aussi fin à la Guerre Froide.

Ce nombre 7 est la puissance Masculine et impaire ou qui n'a pas de semblable, cela s'explique par la grande Potentialité de la Russie sur la Possession des armes Nucléaires, les plus sophistiquées dans le monde. Il est sans pareil, incomparable.

Elle demeure la tête de l'énergie.

Ce +7 est un nombre qui met en relation la Russie et le ProphéTIC William Branham.

Vu que le monde serait calciné par les armes Nucléaires, après le Passage de ce ProphéTIC, la Russie demeure la Nation qui va achever les USA et le Vatican, l'Angleterre et la France et ses autres alliés.

N'ignorez pas que ces grandes Nations, et leurs abominations ne marquent pas le signe majeur de la fin de ce monde, mais plutôt l'apparition du ProphéTIC William Marrion Branham sur la Scène.

Il est aussi le 7ème Messager à compter de Paul jusqu'à Lui et lorsque les 7 se mettent en relation, cela donne des informations plus claire et précises.

Comme il le dit dans livre, écris du 4 au 11 Décembre 1960 :

EXPOSÉ DES SEPT ÂGES DE L'ÉGLISE. L'ÂGE DE L'ÉGLISE DE LAODICÉE. PAGE 321

> 321-4 **Le domaine de la troisième vision était celui de la politique mondiale,** car elle me montrait qu'il y aurait trois grands ISMES: le fascisme, le nazisme, et le communisme; **mais que les deux premiers seraient absorbés par le troisième. La voix m'exhortait: «OBSERVE LA RUSSIE! OBSERVE LA RUSSIE! Surveille le roi du Nord. »**

Vous comprendrez la relation plus étroite selon que le monde volera en éclat après le passage de cet homme de Malachie 4 :1-6.

> **Car voici, le jour vient, Ardent comme une fournaise. Tous les hautains et tous les méchants seront comme du chaume; Le jour qui vient les embrasera, Dit l'Éternel des armées, Il ne leur laissera ni racine ni rameau.**

> Mais pour vous qui craignez mon nom, se lèvera Le soleil de la justice, Et la guérison sera sous ses ailes; Vous sortirez, et vous sauterez comme les veaux d'une étable,
> **Et vous foulerez les méchants, Car ils seront comme de la cendre Sous la plante de vos pieds, Au jour que je prépare, Dit l'Éternel des armées.**
> Souvenez-vous de la loi de Moïse, mon serviteur, Auquel j'ai prescrit en Horeb, pour tout Israël, Des préceptes et des ordonnances.
> **Voici, je vous enverrai Élie, le prophète, Avant que le jour de l'Éternel arrive, Ce jour grand et redoutable.**
> ***Il ramènera le coeur des pères à leurs enfants, Et le coeur des enfants à leurs pères,*** **De peur que je ne vienne frapper le pays d'interdit.**

Si l'on prête bien attention à cette Lettre Z, pris de l'alphabet Latin, sachant qu'elle ne figure pas dans l'alphabet Russe, ceci renforce mes descriptions sur le fait que le code indicatif téléphonique le +7 révèlerait plus mieux l'apparition et l'usage de ce **Z**.

Ce Z pourrait signifier autre chose pour certains, selon leurs spéculations. Je Cite :

- ✓ Ce "**Z**" pourrait signifier "Zapad" qui veut dire "Ouest". Ainsi, cela pourrait distinguer les premiers véhicules mobilisés sur l'opération ukrainienne, situé à l'ouest de la Russie
- Selon le quotidien britannique avance également d'autres pistes : les chars russes et ukrainiens se ressemblant, la lettre Z permettrait d'éviter les tirs amis, ou bien le Z pourrait désigner Zelensky, le nom du président ukrainien, et le V, Vladimir Poutine.

Si ses origines sont inconnues, cette lettre, pourtant absente de l'alphabet cyrillique, est devenue un signe de ralliement à l'offensive russe, largement repris par le Kremlin. Fin de Citation.

Le V est l'initial du Mot Vent, qui typifie aussi selon l'ApocalypTIC : la Guerre

Respectant les différentes spéculations, l'on pourrait creuser plus profondément pour en ressortir un chef d'œuvre.

Au rebond comme un basketteur chevronné, je relie le nombre **7** à la lettre **z :**

Z se positionne comme la fin de l'alphabet Latin utilisé par les anglo-saxon et les Gaulois ; par addition le 7 exprime aussi l'achèvement et la fin selon la pensée Divine. Etant au jour du dernier Messager Prophète, signe final pour les humains sur cette terre, reliant le 7ème Sceau. Le rejeter est égal à signer sa fin avec ces nations qui détruisent la terre.

Vous noterez que L'alphabet Hébreu contient 22 Lettres :

De Aleph à Tav

Tav désigne la fin de tout ce qui existe, de même que l'homme est la fin et la perfection de toute créature.

Celui des Occidentaux est le A à Z

Celui du Christ est : Genèse à Apocalypse : **66 Livres qui est = 22 * 3**

Tav occupe le 22ème rang de l'Alphabet hébraïque.

Et Apocalypse contient 22 Chapitres dont le 22ème Chapitre contient 22 Verset selon la Traduction Originale.

Ce 22ème Verset est le Mot **AMEN= Z=7, la Fin**

Cette Russie demeure un instrument entre les mains du Divin créateur pour mettre Fin aux Nations Impies, elle est l'**AMEN** de Dieu pour Juger ces Nations méchantes. Pas étonnant que les deux autres Courants politiques se sont fondus dans le ***Communisme*** : le Nazisme et le Fascisme.

C'est pourquoi je ne pourrais m'écarter de ce Grand ProphéTIC qui a dépassé toutes les formes de Nouvelles Technologies et de Communication. Il dit ceci :

RECONNAITRE VOTRE JOUR ET SON MESSAGE JEFFERSONVILLE IN USA Dim 26.07.64M

182. **Pourquoi la Russie s'est-elle réveillée ?** Pourquoi les nations se sont-elles réveillées ? **Pourquoi l'homme a-t-il atteint ces réalisations ?** Alors que les savants, il y a trois cents ans, un savant français a fait rouler une balle à une certaine vitesse sur la terre, et il a prouvé, par une recherche scientifique, que « si jamais l'homme atteignait la vitesse vertigineuse de trente miles [50 km] à l'heure, la gravitation l'élèverait de la terre; d'après son poids, et d'après le poids de la balle ». Maintenant, il fait du dix-sept mille miles [27.000 km] à l'heure, voyez, et il cherche toujours à prendre de la vitesse. C'est seulement récemment qu'il a reconnu cela. Pourquoi ? Il faut que ce soit ainsi.

RECONNAITRE VOTRE JOUR ET SON MESSAGE
JEFFERSONVILLE IN USA Dim 26.07.64M

174. **La Russie a occupé sa place dans le monde, dans le domaine de la science, il n'y a pas plus d'une quarantaine d'années. Vous savez, quand la Première Guerre mondiale a éclaté, jamais ils... On ne connaissait pas la Russie**. Frère Roy... Ce n'était qu'une bande d'ignorants, des espèces de gros Sibériens, au visage couvert de barbe, et qui ne savaient pas distinguer leur main droite de la gauche. C'est exact, **la Russie, mais elle a reconnu sa place. Elle a dû le faire, pour accomplir l'Ecriture.** ***Vous êtes au courant de mes prophéties, ce que j'ai dit qu'il arriverait, comment ils aboutiraient tous dans le communisme.*** Maintenant, elle est au premier rang mondial dans le domaine de la science. Nous sommes très loin derrière elle. Tout le reste du monde est derrière elle. Sa place, elle est en tête de file. Elle a simplement reconnu qu'elle aussi avait des cerveaux.

« Maintenant, elle est au premier rang mondial dans le domaine de la science. Nous sommes très loin derrière elle. Tout le reste du monde est derrière elle. Sa place, elle est en tête de file. Elle a simplement reconnu qu'elle aussi avait des cerveaux » : Ici le ProphéTIC montre par-là que ses Prophéties sur la Russie l'a amené à prendre conscience, ce qui en est le résultat d'une avancée Technologique dans le Monde entier, dont il n y a pas de comparable.

Quand il dit : *« Nous sommes très loin derrière elle »*, il fait mention des USA, qui ne pourraient se mesurer à cette nouvelle Russie »

Si la Parole d'un ProphéTIC sur une Nation athée peut la faire bourgeonner, quand serait-il d'un individu consacré entre les mains du Divin ?

Le Nombre 7 est lié au Châtiment, à la Vengeance, et même les démons se lient à l'importance du nombre 7.

Procurez-vous mon Livre sur la Dislocation du Monde pour mieux comprendre la fin. Le monde volera en éclat à la 7ème Vision ProphéTIC mettant en exergue la Russie à l'œuvre contre les USA.

La Fin destructrice de ce monde est érigée aussi sur 7 Visions ApocalypTIC et ProphéTIC dont la Russie en demeure l'acteur Majeur.

Lorsqu'un démon est chassé d'un corps et que se corps n'est pas entretenu par la Parole Divine, le même démon revient avec 7 autres Démons pour rendre la situation de la Personne aussi pire qu'au préalable.

Le Châtiment de Dieu se conjugue toujours 7 Fois ou la 7ème demeure le dernier degré :

Un de mes frère dans la Foi, nommé Jean Ferrat, après désobéissance à l'ordre du Seigneur, il fut châtié pendant 7 bonnes années dans le chômage et après, il fut relevé en retournant à la même entreprise qu'il avait rejeté. Notez bien que cette entreprise qui l'avait embauché auparavant était selon la volonté de Dieu et après 7 années de châtiment, le même seigneur lui ordonna dans une Vision d'y retourner: Nouvel Mondial Cycle en abrégé : **NMC**

Ce bout de témoignage vient confirmer cette déclaration du Prophétique William Marrion Branham ci-dessous :

7 Démons fut chassés du corps de Marie de Magdala

1. l'**orgueil**,
2. la **vantardise**
3. l'**impureté**,
4. l'**obscénité**,
5. la **vulgarité**,
6. **la rivalité**,
7. **les querelles**

> QUESTIONS ET REPONSES SUR LA GENESE
> JEFFERSONVILLE IN USA Mer 29.07.53
>
> 63. Et **deux tiers** des gens sur la terre sont dans le péché, et plus que cela; en effet, **deux tiers des anges furent chassés. Et ces esprits de démons entrent dans les gens et habitent dans leurs corps.** Voyez-

> vous ce que je veux dire? Ce sont des démons, qui, autrefois... **Ils ont autrefois existé et ils entrent dans les gens**, et **ils leur donnent une nature**. **Jésus en chassa sept(7) de Marie de Magdala**: l'***orgueil***, la ***vantardise*** (être une personne importante, voyez-vous), l'***impureté***, l'***obscénité***, la ***vulgarité***, ***la rivalité***, ***les querelles***. Toutes ces choses, voyez-vous?

La Répétition d'un acte se concrétise ou se solidifie dans la personne à partir de la 21ème Fois et à la 22 fois cela devient la dynamique : l'Energie, et nous voilà à nouveau avec le 2 qui s'intensifie en 22 pour élargir le champ d'impact que produit l'énergie qu'il est. 2 c'est le Principe de l'énergie, la puissance. Referez-vous l'image sur la statue des 7 vêtues Divines.

La Démonologie aussi obéit à cette loi de la répétition de 21 fois sauf les soient disant spirituels qui n'en savent toujours rien

Gardez ceci bien en mémoire, les USA et l'église Catholique sont identifiés comme des bêtes. Une bête évoque la Notion de Puissance selon la communication ProphéTIC.

Les USA sont la bête qui est montée de la Terre et ont pour allier d'Eglise Catholique d'où le Vatican.

Vraiment intéressant aussi de voir qu'ils sont l'agneau à 2 corne avec le pouvoir Civil qui englobe beaucoup de choses et le pouvoir Ecclésiastique aussi.

Cette église catholique d'où le Vatican est désigné selon la communication ProphéTIC comme la Bête qui est montée des Eaux.

Ces eaux sont les foules, les peuples de la terre qu'elle domine.

Les 2 sont désignés en Apocalypse **13**.

Sachez bien que le Nombre 13 demeure parmi les nombres premiers, occupant le 6ème rang. Voici dans quoi consistent les nombres premiers selon le langage Divin **: ils sont inculpés ici rien que pour placer, marquer et préciser des entités d'Ordre primordial, qui ont un enjeu plus que majeur dans l'univers**.

Le Pape Jean-Paul 1 meurt après 33 jours et 6 heures de Papoté.

Le **christ à 33 ans** meurt et revient à la Résurrection pour être Adopté. Ce nombre en matière d'âge est très Révélateur. Il se lie au Mystère de l'**Elévation** ou de la **Chute**.

Vous connaissez bien des stars dans ce monde et dans le milieu musical, qui n'ont pas échappé à la règle de ce nombre. Et voilà que ce pape marqué et influencé par le nombre 13 comme l'un des Membre de la Bête qui monte des eaux, s'aligne ici parfaitement sur cette règle. Pour plus renforcer cela, vous verrez le nombre 6 s'inscrire dans son temps de papoté, c'est pourquoi à 33 jours de règne, il s'éteint à 6 heures.

Jean-Paul 1I Image

Ce 6ème rang du nombre premier **13** demeure l'influence fondamentale de la Papoté, et l'on l'aperçoit bien avec **Paul VI.** Il est devenu pape à 66 ans… Il partit en Palestine et cela engendra 7 phases d'Eclipse.

Ce n'est pas un hasard de voir que le Nombre 13 est hait par les chinois. Ils ne l'utilisent point du tout dans la pratique. Vous ressentirez cela même dans la numérotation des Immeubles. En chine, ce nombre est avorté. Selon le prophéTIC, la Chine participera à la destruction de ces 2 bêtes en s'alliant à la Russie. La phobie de se nombre parait maintenant Limpide comme de l'eau de roche pour vous ?

Tout ce qu'on peut retenir de lui est qu'il était un homme gentil.

Pour sa Visite en Israël, il arriva à **13** heures 13minutes avec une délégation de **13** personnes, il fait **13 marches sur le tapis rouge** et prit la Communion à 13 heures.

Pape Paul 6-Image.

Le 28 Février 2013 le pape Benoit 16 démissionna ce qui introduisit une nouvelle ère de Papoté Américaine.

De 1963-2013 28 Février = 50 ans, débute le Jubilé de l'Epouse de Christ.

Sans plus tarder Le Superman nommé Pape François fut voté le 13 Mars 2013. Un véritable Cavalier blanc. Un véritable génie instruit.

Selon ce superman, il aurait pour vision de relever l'Economie du Monde, les Prophéties ne peuvent pas Faillir avec la Loi des Nombre. L'économie de ce monde marche aux abois et les seuls qui détiennent tous l'Or du monde, demeurent ces jésuites ou Vaticanites. Du coup le Pape François sait de quoi il parle quand il se met dans la posture du superman.

C'est le superman avec son instruction, avec sa sagesse, avec la théologie ecclésiastique. Il s'est forgé une mission, celle de relever l'économie Mondial. Et il monte son cheval blanc comme sa tenue blanche l'indique afin de séduire les habitants de la terre. Eh bien, rassurez-vous qu'il atteindra son but. Et il ira conquérir toutes les religions du monde pour les faire adhérer à la confédération des églises.

Qui est réellement ce superman ? Le ProphéTIC William nous en dire plus ici :

> LE PREMIER SCEAU JEFFERSONVILLE IN USA Lun 18.03.63
>
> 371. Que sommes-nous en train de dire ? Qui est ce cavalier, ce cavalier sur le cheval ? Savez-vous ce que c'est ? **C'est le superman de Satan.**
>
> LE PREMIER SCEAU JEFFERSONVILLE IN USA Lun 18.03.63
>
> 373. Alors que la Bible, ici, dit qui est l'antichrist. Ce n'est pas un... C'est un homme. **Remarquez, ce cavalier n'est rien d'autre que le superman de Satan, le diable incarné. C'est un génie instruit**. Maintenant, j'espère que vos oreilles sont grandes ouvertes. Ils ont fait l'essai de l'un de ses enfants, il n'y a pas longtemps, dans une émission télévisée, pour voir s'il était plus intelligent que l'autre pour poser sa candidature à la présidence. Mais, quoi qu'il en soit, il a beaucoup de sagesse ; Satan aussi. Il essaie de la

vendre. Il l'a vendue à Ève. Il nous l'a vendue. Nous voulions un superman. Nous l'avons. C'est ça. Le monde entier veut un superman. Ils vont l'avoir. Attendez seulement que l'Eglise monte, et que Satan soit précipité ; il s'incarnera. C'est vrai. Ils veulent quelqu'un qui puisse vraiment faire le travail. Il le fera.

LE PREMIER SCEAU JEFFERSONVILLE IN USA Lun 18.03.63

374. Instruit… **C'est le superman de Satan, avec son instruction, avec sa sagesse, avec la théologie ecclésiastique de ses propres paroles, qu'il a forgée lui-même.** Et **il monte son cheval blanc dénominationnel, pour séduire les gens. Et il va conquérir toutes les religions du monde, parce qu'elles entrent toutes dans la confédération de–de la... des églises, et, la confédération mondiale des églises.** Et leurs édifices sont déjà construits, et tout est en place. Il n'y manque rien. Toutes les dénominations y sont bien attachées, à la fédération des églises. **Et qu'est-ce qu'il y a derrière tout cela ? Rome.** Et maintenant le pape proclame : « Nous sommes tous un. Rassemblons-nous et marchons ensemble. »

L'anti-christ se réveille, les Nations se réveillent, la Russie se réveille et l'Epouse ?

Toutes les entités sont en train de se reconnaitre et se lever : Le monde se reconnait. Les nations se reconnaissent dans l'avilissement de ce monde. La science a reconnu ses prouesses et miracles. Le diable aussi a reconnu que c'est le moment où il peut détruire les femmes, détruire l'église, détruire les gens. Il l'a reconnu.

Et Dieu a reconnu qu'il y a sur la terre un peuple qu'Il a prédestiné à la Vie.

C'est bientôt la fin de toute chaire et de toute forme de Vie.

Il a reconnu que c'est le moment d'envoyer Son Message. Il l'a fait. Les gens L'ont reconnu, le temps de l'Epouse, ils se sont rendu compte de la Lumière du soir. Cependant les impies se sont foutus.

Les nombres ont leurs loi, leurs langage et cela régit ce monde avec ce serpent, celui du 9.

Ils se mordent leur propre queue sans en être conscient.

Quand ils sortiront de leur ruine, une autre les accueillera comme celui du serpent Ouroboros:

Nous allons jeter les ancres du navire après s'être accosté, enfin de le stabiliser sur le rivage avec ce dernier nombre dans notre calepin, celui du 21.

- **21** exprime la dualité ramenée à l'unité. Par ailleurs, dans la Bible, 21 est le chiffre de la perfection et de la **sagesse**.

Premièrement, les personnes portant le 21 sont souvent associées à une **grande créativité** et à un **grand dévouement**. Ces personnes s'intéressent non seulement à l'histoire ancienne et aux questions de la vie et de la mort. Néanmoins, **elles aiment découvrir différents aspects de la vie.**

La plupart des personnes sous l'influence du nombre 21 suivent des impulsions instinctives. Elles croient également en la prédestination, Ils sont très sociables et s'entendent bien avec les gens.

Les personnes portant le nombre 21 sont prudentes en matière de résolution de problèmes. Elles aiment **comprendre l'essence de tout problème**. Elles peuvent prendre du temps pour recueillir des informations et y réfléchir soigneusement. Enfin, les 21 feront un plan d'action pour résoudre ce problème particulier et le suivront strictement.

Quelques métiers des personnes influencés par le Nombre 21 :

Les personnes portant le nombre 21 ont **des talents en écriture** et **en expression verbale**. Elles peuvent réussir à **devenir *des artistes* ou des *écrivains*, *voire des rédacteurs*.** En outre, elles sont enthousiastes et inspirantes et peuvent donc organiser des rassemblements***. Les personnes ayant le nombre 21 sont d'excellents vendeurs***. Et plus souvent, ***elles sont les destinataires de l'affection***

Au niveau des Emotions :

C'est des personnes qui ont besoin à la fois de communications spirituelles et physiques. Elles sont romantiques et elles ont souvent une vie intime épanouie.

Ces personnes sont souvent intelligentes, et elles aiment que les choses soient faites à leur façon.

Négativement, les personnes portant le nombre **21 peuvent être très nerveuses et paranoïaques** lorsqu'elles sont à court d'options et de possibilités viables.

Elles peuvent aussi être agitées et trop sensibles, ainsi que peu fiables.

Omniscience, Illumination, Intelligence, Connaissance

Série 7 : La Mathématique de la Guerre

> Es-tu parvenu jusqu'aux amas de neige? **As-tu vu les dépôts de grêle,**
> **Que je tiens en réserve pour les temps de détresse, Pour les jours de guerre et de bataille?**
> *Job 38.22-23*
>
> Ou quel roi, s'il va faire la guerre à un autre roi, ne s'assied d'abord pour examiner s'il peut, avec dix mille hommes, marcher à la rencontre de celui qui vient l'attaquer avec vingt mille? *Luc 14.31*

Comme un athlète, qui pose bien ses pieds sur le sprint afin de démarrer la course, avec les yeux rivés sur l'objectif, toute son attention n'est que d'attendre le bruit du coup d'envoi. Désormais emprisonné dans son monde, la concentration est à son paroxysme, le monde nous regarde et s'interroge, qui gagnera la course. Tous ont leur athlète sur la piste.

Le 100 mètre nous rappelle l'efficacité de Usain Bolt, l'éclair jaillira d'ici peu et les cœurs s'enflammeront soit de joie ou de déception.

Le monde est-il conscient de ce qui l'attend ?

A-t-il vu le dépôt de grêle réservé au jour de la détresse, pour les jours de guerre et de bataille?

La course est resserrée, le vainqueur habituel sera détrôné, et le grand publique sera sous le choc, un moins que rien renverse les tendances en 5 secondes, le record de Usain Bolt est battu.

Le temps est maussade et morose, son aspect nous en dit plus que ces signes.

Les évènements d'alors, depuis des décennies nous indiquent les nombres soient ceux de la destruction ou lié à des dates marquant des catastrophes. Quel roi dans cette atmosphère ne se préparera pas au pire ?

Tous les cœurs déferlent de peur, les projets actuels pour chaque roi, est de garantir la survie de son peuple.

Quel roi qui part en guerre et, ne s'assied d'abord pour examiner s'il peut, avec dix mille hommes, marcher à la rencontre de celui qui vient l'attaquer avec vingt mille?

Les provisions alimentaire et sanitaire se réservent de chaque côté et la dissuasion nucléaire aurai tort cette fois-ci.

Les attentats, le terrorisme et autre phénomènes n'auront pas l'ascenseur. L'énergie nucléaire est à la gouvernance maintenant.

Les nombres s'interrogent, quel évènement apocalypTIC qui coïncidera avec moi ?

Le 11 Septembre 2001 rappelle de grandes douleurs et de chagrin.

Tous vacille, les vagues de l'incrédulité interrogent toujours le bateau de la vie. Pour une première fois, le navire laisse la trace de la vie sur l'eau, et l'aigle secouriste avance dans les airs en laissant aussi ses empreintes pour sauver ce monde en plein désintégration.

Les eaux, les atmosphères et les autres constantes de la vie continuent d'émerger dans les troubles.

Ce qui prévaut maintenant une atmosphère de la fin.

Nous reste-t-il encore un Temps, des temps ou la moitié d'un temps ?

Le quart d'heure que nous allons passer sera trouble selon les informations apocalypTIC. Les nombres de grands évènements vont nous fait un rappel et voir si nous ne sommes pas à la portes de la fin ? Cette réponse nous plongera dans la mathématique de la guerre, voire les nombres de guerre.

Le monde est régit par deux nombres extrêmes qui évoquent et convoquent la fin et le commencement manœuvré par deux grandes puissances, fonction de leur code Téléphonique. Le +1 et le +7

Ces deux grandes Nations sont en étude de faisabilité de la guerre, le calcul de la portée des armes, sont le nouveau parfum de l'ère : arme hypersonique, supersonique… et voilà. L'esprit de la guerre pavane aux portes de leurs oreilles. Les provocations de l'un se multiplient et l'autre se contente d'apaiser les choses mais cela ne suffira pas, se serait comme si de mettre un tissu neuf sur un ancien, quel bien cela pourrait-il fait ? L'ivresse aura raison bientôt.

La vie de ce monde se joue sur 10 Orteils, par conséquent, il ne tient plus bien.

Si le nombre 10 exprime aussi la vie ou la Perdition, la Loi ou la Foi,

Le nombre 11 regorge plusieurs facettes ApocalypTIC dont on ne finirait pas de décapsuler.

Vous vous Rappelez de comment la 2ème guerre Mondiale s'est-elle arrêtée ? La 2ème Guerre Mondiale fut arrêtée en 19**45** à 11h11min11s, au 11ème jour du 11ème Mois de l'année. Ceci parait hasardeux, n'est-ce pas ? Et voyez-vous l'année 1900 associé à **45** ?

Les attentats du 11 septembre 2001 aux États-Unis, ne vous font-ils pas réfléchir ? Les deux tours Jumelle furent Détruites : nous savons tous ce qui s'est passé ce 11 septembre 2001. Ce jour-là, il y a eu de nombreuses attaques terroristes commises par les islamiques à 12 heures, heure locale des New York.

Remarquez que les évènements qui se déroulent entre 12heures et 14heures sont plus lié aux ProphéTIC, qui touche le centre de l'humanité. L'ange du Seigneur visita Abraham sur les chênes de Mamré en pleine chaleur du jour et vous les lecteurs de la bible connaissez la suite. Paul sur le chemin de Damas rencontra ce même seigneur et il devint aveugle.

Les Disciples sur le mont des oliviers posaient 3 questions majeurs qui se situent dans l'ordre de la fin du monde, du retour du Divin sur la

Terre et de la destruction du Temple. Ceux sont des heures de grands évènements. Je n'en dirai pas plus.

Le Tsunami en 2011 au Japon opérant de grandes œuvres Catastrophiques, vous laissent-il toujours indifférent ?

La Guerre du Roi du Nord en Daniel 11 vous donne-t-elle de prendre avec pincette la situation actuelle ? Que celui qui applique la Sagesse évalue les nombres de temps qu'il lui reste ?

Tout ceci explique que le 11 a une grande **connotation négative:** c'est le signe d'une **perturbation**, d'un **déséquilibre**, d'un **désordre**, d'un excès, d'un conflit ou d'un **débordement**. Sur le plan humain, c'est la marque d'un décentrage ou d'un détournement de la loi divine, exprimée par le Décalogue (les Dix Commandements).

Et la Crise Poste électorale en Côte d'Ivoire a connu des jours les plus meurtriers en début 2011 jusqu'en Avril. Même la Lybie n'était pas non plus épargnée aussi en cette même année 2011. Nous avons tous constaté la fin horrible du leader Politique Kadhafi par les Occidentaux.

Chaque 11 ans le monde connait des troubles ApocalyTIC ce qui me fait redire ou souffrez que je répète ceci : Les nombre sont le langage premier du Divin créateur, Jésus-Christ Seigneur et sauveur de l'Humanité. L'**intelligence** et la **connaissance** que cache ces nombres, l'on ne pourrait jamais finir de les sonder mais chercher à percer le mystère de ces connaissances nous donnerait des informations capitales que la Science et les spirituels n'ont jamais pu donner. Comme le dit **Platon** « *Les nombres seraient donc un moyen d'accéder au plus haut degré de la* ***Connaissance*** *: ils donneraient la clé de l'ordre intérieur et de l'harmonie cosmique.* »

Le langage des nombres demeure mystérieux car il détient la clef active qui lie les prophéties concernant les individus, les familles et les Etats ou Nations.

La Multiplication du Nombre 11, serait également l'intensification des évènements :

11*1= 11 / 11*2= 22 / 11*3=33

2011 évènement ApocalypTIC

2022 Evènement ApocalypTIC

2033 Evènement ApocalypTIC selon cette suite Logique

Lorsque le Nombre 11 s'intensifie, cela implique que quelque chose de grand est sur le point de se manifeste.

Vous le constaterez dans la Vie du Sauveur et Seigneur Jésus-Christ.

Christ à 33 ans : 11 *3 = 33

Le nombre 3 demeure celui de la perfection dans la mathématique Divine. Et à cet âge quelque chose de grand comme le malheur ou le bonheur lui sont arrivés. Crucifixion à la croix, mort et ensevelissement. Après, il eut résurrection et élévation de gloire.

Selon mes analyses, je peux prédire que 2033 ne serait pas fameux. Le monde serait au bord du gouffre des nucléaires.

Cela pourrait être la fin totale du monde ou la fin des élus sur la terre, le Phénomène ApocalypTIC et Divin annoncé aussi dans les saintes écritures pourraient s'accomplir. Ce sera la Fin de quelque chose de grand sur la Terre.

Hommes, Femmes, grands, petits, riches et pauvre, quelle heure est-il ?

Que nous réserve l'année 2033 ?

Nous nous retrouvons aux heures des Ouvriers de la 11ème Heure,

Ou ces ouvriers sont à l'œuvre pendant que le jugement et le chaos interrogent l'humanité.

Les faits que relatent le livre de la Genèse 11, Genèse 22, Genèse 33 nous montre avec une clarté, la description de la rébellion du peuple contre Dieu, par la suite nous voyons le chaos que cela entraîné. Il est également intéressant de dire que le dernier roi de Juda a régné 11 ans.

Il est écrit dans le livre de l'Apocalypse que l'apôtre Jean a eu une vision de 11 choses qui étaient liées au jugement final.

Les faits bibliques concernant ce nombre sont toujours liés à quelque chose de mal et très souvent ce nombre est utilisé comme symbole de guerres, d'agression, etc. Ceci nous ramène sur le tapis rouge de Daniel 11. Le Roi du Nord qui est la Russie, ensuite chef des rois de l'Orient est clairement défini comme suite :

Daniel 11.40-45/ ces nombres nous rappelles les paramètres Numérologiques de la 2ème Guerre Mondiale. Ce qui a été, est ce qui sera : à 11heure la guerre mondiale partant de 40 à 45 s'est arrêtée

« **Au temps de la fin**, le roi du midi se heurtera contre lui. Et **le roi du septentrion fondra sur lui comme une tempête**, avec des chars et des cavaliers, et avec de nombreux navires; il s'avancera dans les terres, se répandra comme un torrent et débordera.

Il entrera dans le plus beau des pays, et plusieurs succomberont; mais Édom, Moab, et les principaux des enfants d'Ammon seront délivrés de sa main.

Il étendra sa main sur divers pays, et le pays d'Égypte n'échappera point.

Il se rendra maître des trésors d'or et d'argent, et de toutes les choses précieuses de l'Égypte; les Libyens et les Éthiopiens seront à sa suite.

Des nouvelles de l'orient et du septentrion viendront l'effrayer, et il partira avec une grande fureur pour détruire et exterminer des multitudes.

Il dressera les tentes de son palais entre les mers, vers la glorieuse et sainte montagne Puis il arrivera à la fin, sans que personne lui soit en aide ».

Notez que :

Le Roi du Midi Typifie les USA

Le Roi du Septentrion Typifie la Russie

Et j'espère que vous comprendrez l'extrait de ces Paroles ProphéTIC. Vous pouvez relire tout le Chapitre de Daniel 11.

Si vous sondez mieux l'esprit qui prédomine ce temps, vous conclurez avec moi que c'est :

L'Esprit des Derniers jour : l'Esprit de la Guerre.

Veuillez voir ce que révèle le nombre 11 lorsqu'il s'intensifie :

11*2 = 22

URSS né en 19**22** à Kiev:

La matière est régie par le nombre composer d'ordre de 3 chiffres : 100 dont nous avons parlé la fois dernière. La bénédiction est au centuple selon l'ordre Divin.

La chair aussi s'est multiplié sur la terre, le péché est aussi au sommet de sa Gloire

1922-2022 = 100 :

Et selon la Loi du Deutéronome : on aura soit les Signes précurseurs qui se dessinent en 2022 par la Malédiction qui frappe l'Ukraine, la Guerre au Porte de Kiev.

Le 22 Février 2022, à ses 22 ans de règne au Pouvoir Présidentiel, **Putin** donne L'Ordre de déclencher la Guerre à l'Ukraine.

Le nombre 2 est le principe de force, de puissance et de l'énergie.

Cela ne m'étonne pas de voir aussi cette forme de guerre en 1 Roi 22 : la Guerre des Roi.

« Ou quel roi, s'il va faire la guerre à un autre roi, ne s'assied d'abord pour examiner s'il peut, avec dix mille hommes, marcher à la rencontre de celui qui vient l'attaquer avec vingt mille »?

2020 devrait être une année de la Bonne Vision pour voir l'Euphrate tarir car le tarissement de ce fleuve déballe le tapis rouge aux rois de l'Orient pour enclencher ses Manœuvres guerrières.

« **Apocalypse 16.12** : ***Le sixième versa sa coupe sur le grand fleuve, l'Euphrate. Et son eau tarit, afin que le chemin des rois venant de l'Orient fût préparé.*** »

Nous pouvons dire que très souvent le nombre 11 est considéré comme symbolisant des Période de Transition et Prophétiques, ce qui signifie probablement que la période des grandes transitions est devant vous.

LES DIX VIERGES JEFFERSONVILLE IN USA
Dim 11.12.60M

96. Bon, en ce qui concerne ces, les quatre... **Remarquez qu'elle a pris fin le–le 11 novembre, à 11 heures du matin ; le onzième mois de l'année, le onzième jour du mois, et à la onzième heure du jour.** Vous souvenez-vous alors de ce que Jésus a dit à ce propos ? « Les gens sont allés travailler dans la vigne à une certaine heure ; l'un a reçu un denier, puis un autre est venu. » Il y avait ceux de la onzième heure. Etait-ce vrai ? Voilà ! **Ceux de la onzième heure avaient été retenus. Maintenant, c'est le temps** où les Juifs entrent et se rassemblent pour former une nation. Ils ont été dispersés dans le monde entier, jusqu'en Iran et dans différents lieux où l'on n'avait même jamais su que Jésus était venu sur la terre, là où on ne sait rien du Nouveau Testament ou de quoi que ce soit.

LES DIX VIERGES JEFFERSONVILLE IN USA Dim 11.12.60M

99. Pour voir maintenant si oui ou non le message que nous avons est relié avec ces choses... A l'heure même où, par une signature, Israël était reconnu comme nation, à cette heure-là même, le même jour, le même mois et tout, j'étais à Green's Mill en Indiana lorsque cet Ange m'apparut et m'envoya dans le champ avec ceci. Après qu'Il m'eut rencontré à la rivière et qu'Il m'eut dit ce qui arriverait, **Il m'envoya onze ans plus tard, à l'heure** même où Israël était reconnu comme nation, je recevais ma commission. Tout cela est relié.

LES DIX VIERGES JEFFERSONVILLE IN USA Dim 11.12.60M

111. Eh bien, en 1914, le monde est entré en guerre ; il n'a jamais été en paix depuis lors, mais il est constamment ballotté et de plus en plus, et c'est encore exactement le cas aujourd'hui. Et que faisaient-ils ? Ils retenaient (Ô Dieu, soit miséricordieux), Ils retenaient cette grande chose que j'ai vue en vision (tout cela va vers la destruction), **ils retenaient la puissance atomique, ils retenaient les guerres de peur que les gens ne se détruisent eux-mêmes avant que cette chose vienne, avant qu'Israël soit retourné et se soit rassemblé**. Et alors, le message ira vers Israël qui sera scellé de ce Sceau du Saint-Esprit. Vous voyez ? Après que les Gentils seront appelés à... Le peuple sera appelé à sortir à cause de Son Nom, et c'est dans cet âge-ci qu'ils sont appelés. Ensuite, Israël seul recevra un Message de trois ans et six mois.

La Russie et le monde se réveillent, tous ces tumultes parmi ces nations n'est rien d'autre que l'accomplissement des prophèties

L'ANGE DE L'ETERNEL LOS ANGELES CA USA **Mer 02.05.51**

22. Le mot, du petit agneau qui s'est élevé dans Apocalypse 13, un agneau. Deux petits… Probablement une petite corne, le pouvoir civil et le pouvoir ecclésiastique. Mais après, c'est l'agneau, la liberté de religion et autres. Mais peu après, il a parlé comme une bête, comme le dragon, et il a exercé tout le pouvoir que le dragon avait avant lui, une persécution religieuse amère. Nous nous approchons de ce temps-là.

Rappelez-vous, église, vous vivez dans le meilleur jour où on n'ait jamais vécu, maintenant même, avant la Venue de Jésus. Cela va graduellement… pas graduellement, mais ça s'empire rapidement.

Quand la **Russie descendra chercher du pétrole, là, faites attention. C'est tout ce dont il a besoin. C'est ce que le prophète avait dit qu'elle ferait. Nous sommes prêts pour cela alors.**

Donc, Eglise, préparez-vous à rencontrer Christ. Il envoie de grands réveils et de grandes réunions, et Il réveille les gens du Plein Evangile. Des signes et des prodiges apparaissent partout. De grands prodiges pour rassembler Son peuple. Et un jour, Il viendra, le Libérateur

EXPOSÉ DES SEPT ÂGES DE L'ÉGLISE. L'ÂGE DE L'ÉGLISE DE LAODICÉE. PAGE 321

321-4 Le domaine de la troisième vision était celui de la politique mondiale, car elle me montrait qu'il y aurait trois grands ISMES: le fascisme, le nazisme, et le communisme; mais que les deux premiers seraient absorbés par le troisième. La voix m'exhortait: «OBSERVE LA RUSSIE! OBSERVE LA RUSSIE! Surveille le roi du Nord. »

PUTIN rentre à au KGB à 22 ans, il devient président de la Russie en 2000.

Et de 2000 jusqu' à 2022, ça lui fait 22 ans de règne et le Retour à Kiev s'inscrit dans sa Vision. Que celui qui lire les Parole de la Prophétie les Garde car le Temps est proche.

De Krouchev jusqu'à PUTIN, cela fait 8 Président et le chiffre 8 l'influence.

Le 8 c'est l'Eternité, c'est aussi le retour au commencement. Quel Commencement ? Au commencement de la Gloire de Staline.

En 1945, la 2ème Guerre Mondiale fut, et en Ésaïe **45**, le Roi Sirius aida Jérusalem à se reconstruire. De même en 2017, le **45**ème Président des USA reconnu officiellement Jérusalem comme la Capitale Indivisible d'Israël :

Tous conviendraient avec moi que la Russie pendant la première guerre Mondiale, n'était qu'une Nation Adolescente. Elle n'avait aucune notion de ce que c'est qu'une guerre. Même la Morphologie et l'attitude de sa Population de Sibérie le démontrait avec les visages couvert de barbe, et qui ne savaient pas distinguer leur main droite de la gauche.

Sachant que le monde tire sa révérence bientôt, la prophétie sur le réveil des empires a su positionné cette Nation Communiste au rang des grands acteurs en ces Temps de la fin, avec une Technologie plus avancée dans la Science Militaire ou de l'armement. Ce qui confère à Putin un langage de Guerre.

Cet esprit de guerre qui prévaut depuis le début de l'année 2022, n'est rien d'autre qu'un rappel, car dans les années 1954, ce même esprit planait déjà dans les rue de New York, Los Angeles lorsque certains panneaux indiquaient le Blocus de certaines autoroutes dans ces Villes en questions.

La Russie en a prévu juste des Bombes pour Hollywood et Vine. Il en a prévu pour Lakeside Drive à Chicago ainsi que pour la ville de New York, et partout. Ces bombes sont prêtes. On en a prévu pour Moscou et pour différents endroits aussi. Il suffira qu'une personne commette l'erreur de lâcher l'une d'elles en ces jours. Et que se passera-t-il? La Bible sera alors accomplie. C'est tout ce qui reste.

RECONNAITRE VOTRE JOUR ET SON MESSAGE
JEFFERSONVILLE IN USA Dim 26.07.64M

174. **La Russie a occupé sa place dans le monde, dans le domaine de la science, il n'y a pas plus d'une quarantaine d'années. Vous savez, quand la Première Guerre mondiale a éclaté, jamais ils... On ne connaissait pas la Russie**. Frère Roy... Ce n'était qu'une bande d'ignorants, des espèces de gros Sibériens, au visage couvert de barbe, et qui ne savaient pas distinguer leur main droite de la gauche. C'est exact, **la Russie, mais elle a reconnu sa place. Elle a dû le faire, pour accomplir l'Ecriture.** ***Vous êtes au courant de mes prophéties, ce que j'ai dit qu'il arriverait, comment ils aboutiraient tous dans le communisme.*** Maintenant, elle est au premier rang mondial dans le domaine de la science. Nous sommes très loin derrière elle. Tout le reste du monde est derrière elle. Sa place, elle est en tête de file. Elle a simplement reconnu qu'elle aussi avait des cerveaux.

AYEZ FOI EN DIEU NEW YORK NY USA Mer 01.09.54

12. Maintenant, à quel point jugez-vous la Parole de Dieu ? Jésus, Lui Il La jugeait. Tout ce que le Père Lui disait, Il le faisait. Il croyait cela, mais nous aujourd'hui, le Père peut nous montrer quelque chose, et nous nous achoppons à cela. Je me demande alors si nous pourrions être valablement les enfants d'Abraham, lui qui fut–qui fut fortifié et qui a attendu pendant vingt-cinq ans l'accomplissement de la promesse, au lieu de faiblir, il se fortifiait sans cesse. **Nous, en l'espace d'une nuit, nous faiblissons**. Lui, il se fortifiait davantage pendant vingt-cinq ans, et cela a fait que ce que Dieu avait promis s'accomplisse. Comprenez-vous ce que je veux dire ?

Maintenant écoutez, le monde est en train de trembler. Aujourd'hui pendant que j'étais dans un taxi avec un homme... Il expliquait qu'il y a des panneaux sur les autoroutes par ici. Cette autoroute-ci sera bloquée, ***elle sera***

utilisée à des fins militaires en cas d'une attaque. New York tremble. Je viens de quitter Los Angeles, elle tremble. Pourquoi ? Quelque chose est sur le point d'arriver. Nous avons rejeté avec mépris la miséricorde. Il ne reste que le jugement. La seule chose qui puisse venir, c'est le jugement. Je m'attends à quelque chose d'horrible. Je ne prophétise pas. J'ai simplement le coeur ouvert à la Parole de Dieu, et j'observe les choses alors qu'elles s'accumulent, quelque chose doit arriver très bientôt. Que ferait un conglomérat d'une humanité qui patauge dans le gâchis, si les sirènes retentissaient et que cette–cette ville subisse une attaque ? Ils ne sont plus obligés de quitter la Russie ou les autres pays pour le faire ; **ils peuvent tout simplement lancer des missiles droit vers ici pour le faire. Ils ne sont pas obligés de faire retentir des sirènes ; ce sera fait en une minute. Ils ont déjà la chose, les essais l'ont prouvé.**

EL-SHADDAI LOS ANGELES CA USA Jeu 16.04.59

57. Maintenant, écoutez ce que Jésus a dit : «Ce qui arriva du temps de Sodome » (Oh, que cela pénètre!) «Ce qui arriva du temps de Sodome arrivera de même à la Venue du Fils de Dieu.» L'Esprit de Dieu dans la chair humaine, dans Son Eglise, révèle, manifeste le signe du Messie comme Il le fit en ce jour-là, comme **Il le fit aux jours de Christ, comme Il le fait à la fin de la dispensation des gentils, juste quelques heures avant que la bombe ne tombe, avant que le monde ne soit détruit. De grands hommes, des savants, des généraux et tout le reste, disent que la prochaine guerre ne durera que trois minutes. La Russie en a prévu juste pour Hollywood et Vine. Il en a prévu pour Lakeside Drive à Chicago ainsi que pour la ville de New York, et partout.** Ces bombes sont prêtes. On en a prévu pour Moscou et pour différents endroits. Il suffira qu'une personne commette l'erreur de lâcher l'une d'elles un de ces jours. Et que se passera-t-il? La Bible sera alors accomplie. C'est tout ce qui reste.

Ne pouvez-vous pas voir, mes amis, ce que Dieu est en train de faire? Ne pouvez-vous pas serrer vos... pas vos mains, mais pincer votre esprit avec la Parole de Dieu et croire cela?

Selon le ProphéTIC William Branham, La bombe qui probablement peut pulvériser chaque atome sur la terre est suspendue là en Russie

> L'EAU DU ROCHER PHOENIX AZ USA Jeu 24.02.55
>
> 18. Maintenant, saisissez bien mes paroles. Ne dites pas : «Frère Branham a dit : 'Jésus devrait être déjà venu.'» Mais je crois que la Venue de Christ devrait déjà avoir eu lieu, devrait déjà avoir eu lieu depuis très longtemps. Après tout, les théologiens et tous les autres, sachant que cela devait arriver à un temps donné… Je pense bien qu'après que les prophètes s'étaient tenus là et avaient dit : «Cela arrivera à telle période.» Et ils ont manqué cela ; comme Dieu est patient, Il ne veut pas que monsieur Dupont qui est assis ici ce soir périsse, mais Il veut qu'il arrive à la repentance. Il ne veut pas que madame Dupont assise ici, et tous les petits enfants périssent, mais Il est patient.
>
> Il a envoyé frère Roberts et lui a donné une grande série de réunions. Il a envoyé d'autres hommes, leur a donné une grande série de réunions. Maintenant, Dieu nous a envoyé et nous a donné une grande série de réunions. «Ne voulant pas qu'aucun périsse, la patience.»
>
> **La bombe qui probablement peut pulvériser chaque atome sur la terre est suspendue là en Russie ce soir.** Elle aurait dû être larguée il y a longtemps, mais Dieu est patient, ne voulant pas qu'aucun périsse, cela aurait dû déjà arriver.

Job 38 :22 corrobore avec précision sur la Notion de Guerre et arme de guerre dont évoque le Divin. A l'instar de l'année 2022, les choses sont claires. Ses armes (les dépôts de grêles) suspendus pour des jours de détresse, démontrent que tous les signes virent vers les alarmes de détresse et cependant le monde s'en tape les couilles.

Ces évènements en ces jours cruciaux révèlent directement qu'il y a une main divine qui gouverne tous les aspects de la Vie.

A tout moment cette main peut activer les dépôts de grêles et ces nations rentreront tous dans le cafouillage Nucléaire.

CONCLUSION

Il serait plus nécessaire de comprendre que la face cachée des nombres a une portée plus métaphysique que Physique.

Le Livre de Marc 10 :17-21 a été le fer de lance de cette étude dans laquelle nous avons fait ressortir de nombreuse choses. Les nombres 10, 17, 21 nous ont été un grand apport, nous plongeant pour compréhension de dans l'univers profond de leur existence et manifestation bien qu'ils soient intangibles.

Suite à cela, l'alphabet Numérique selon l'Omniscience a été établi et clarifié pour aider à poursuivre cette étude.

Les notions telles que : la parité, la symétrie et Nombres premiers, nous ont poussé à comprendre que la Loi du genre ne s'applique pas seulement à la nature et autres mais les nombres aussi en sont impactés.

La métaphysique des nombres est plus complexe que quoi que ce soit d'autre. Les portés ApocalypTIC et ProphéTIC demeurent encore inépuisable. Si le monde se mettait à réfléchir à ce sujet, de grandes révélations seront mis à nu.

Ce langage des nombre est une clef Active et mystérieuse qui cache ou qui lié les individu, les famille et les nations ou états encore. Et arriver à décrypter cela, nous emmènera à faire un grand part dans le progrès Métaphysique.

Il faut noter que les nombres ont une application d'ordre :

- ✓ Divin
- ✓ Spirituel
- ✓ Et Matériel

En cela l'on devra comprendre il y a des nombres qui sont les nombres Divins, Spirituel et matériel.

L'être Divin est régit par l'alphabet Numérique du créateur.

De 0 jusqu'à 8.

Les deux grandes Puissances qui sont les USA et la Russie sont également influencées par les nombres qui les marquent en fonction de leur code Téléphonique : le +1 et le +7

Nous retenons que le nombre qui régit le principe de force, de la puissance, de l'énergie et du pouvoir demeure le nombre 2.

Le nombre de guerre font appellent à ceux-ci : 11 ; 40 et 45.

L'intensification du nombre 11 a une portée très délicate en thème de destruction ou de fin ou d'élévation.

11* 1 = 11

11*2 = 22

11*3 = 33 avec la France le +33, ceci classe la France parmi les grande Puissances

Quant à 11*2 = 22, nous laissera comprendre l'année 1922 et 2022

Le nombre 22 est le nombre principal ou le nombre du constructeur sur le plan matériel. Cependant, sa vibration est quatre fois plus puissante et énergique, il est donc très résistant à utiliser sur le plan matériel.
En raison de la grande puissance de ce nombre, vous pouvez avoir du succès : le constat se fait avec (le grand Réveil de la Restauration de l'Epouse, le Fer de Lance du Réveil sous l'esprit de la Prophétie ou une chute désastreuse (la Russie et l'Ukraine).

Le nombre 22 est l'un des nombres de pouvoir. Lorsque la vibration est en marche, la coopération se met en place d'avec le monde Multiversel et universel facilitant le travail avec le plan Divin. 2022, est l'année de Jonction ultime ou de nombreux projets, rêves, visions se concrétiseront. Josué 22 (Construction d'un Autel Mémorial) ;

Apocalypse 22 nous le démontre aussi. L'Agneau et son Epouse qui descendent ensemble…
L'année 2022 aidera à jeter les bases d'une nouvelle conscience sur la planète.
C'est l'Année Maitre 2022 avec le 22 pour un but spirituel élevé.

Tout dépend de votre Etre Intérieur : ses Désirs, ses Visions et sa Volonté.

Ce qui fera à appel à la loi de la pure potentialité :

Ce que Tient la Vie de l'Arbre c'est son Etre Intérieur : la Sève.

Si la Sève lui est ôtée, il mourra. Mais qu'est-ce que Contrôle cette Sève qui est l'Etre Intérieur ?

C'est la Loi de Vie- l'Intelligence qui se charge de gérer la Vie Botanique.

Tout est Loi et tout est lié à une Loi. Soit vous vivez par la Loi de la Vie ou soit vous mourez sans la Loi de la Vie- la Loi du rien c'est la Mort on aboutira à :

Si Rien de ne perd, rien ne se crée et rien ne se décide, rien ne se transforme.

C'est la Loi du Tout ou Rien.

Si vous vivez pour rien (travailler pour votre Ventre et bas Ventre), vous allez travailler pour la Perte de votre Vie, alors vous aurez RIEN.

Si vous travailler pour votre âme, (vivez et travaillez pour christ) alors vous aurez TOUT.

C'EST LA LOI DU TOUT OU RIEN.

Ce fut un plaisir pour moi de vous présenter ma vision des choses ce qui n'est qu'une goutte d'eau dans la mère. Je serai ravi de vous voir bâtir à partir de ce travail et apporter des limites.

C'était juste ma manière à moi d'apporter ma contribution quant à l'éclairage de l'humanité

Printed by Books on Demand GmbH, Norderstedt / Germany